数据工程应用微服务开发实践

马武彬 王 锐 主编

吴亚辉 周浩浩 邓 苏 戴超凡 副主编

清华大学出版社

北京

内 容 简 介

本书从微服务与数据工程的相关概述出发,从工程项目的实际构建与开发的角度,阐述了基于微服务的数据工程应用开发过程中的关键技术及实例。

本书主要介绍基于微服务的数据工程应用开发实践的相关概念和过程,可作为计算机科学与技术、软件工程、数据科学与大数据技术、指挥信息系统等相关专业本科高年级专业实践课程或应用课程教材,也可作为数据工程开发人员的参考书。

图书在版编目(CIP)数据

数据工程应用微服务开发实践 / 马武彬,王锐主编.
北京 : 清华大学出版社,2024. 7. -- ISBN 978-7-302
-66826-8

Ⅰ. TP274

中国国家版本馆 CIP 数据核字第 20247L6U34 号

责任编辑:王 芳 李 晔
封面设计:刘 键
责任校对:刘惠林
责任印制:曹婉颖

出版发行:清华大学出版社
    网   址:https://www.tup.com.cn,https://www.wqxuetang.com
    地   址:北京清华大学学研大厦 A 座   邮 编:100084
    社 总 机:010-83470000   邮 购:010-62786544
    投稿与读者服务:010-62776969,c-service@tup.tsinghua.edu.cn
    质量反馈:010-62772015,zhiliang@tup.tsinghua.edu.cn
    课件下载:https://www.tup.com.cn,010-83470236
印 装 者:三河市君旺印务有限公司
经 销:全国新华书店
开 本:185mm×260mm 印 张:12.5   字 数:306 千字
版 次:2024 年 8 月第 1 版   印 次:2024 年 8 月第 1 次印刷
印 数:1~1500
定 价:59.00 元

产品编号:098749-01

　　微服务技术的提出与应用对数据工程应用的开发和运维保障提供了新的手段和方法。在物联网和移动互联网时代,应用系统的开发对敏捷性、可靠性、高并发性以及可扩展性的要求更高。微服务技术整合了包括服务注册、保护、跟踪、消息驱动、集群配置与管理等应用系统开发和运维的一系列相关支撑技术,这些技术使得数据工程应用开发和运维能够满足新时代的需求。

　　本书从微服务与数据工程的相关概述出发,从工程项目的实际构建与开发的角度,重点阐述基于微服务的数据工程应用开发。本书各章主要内容如下。

　　第1章对微服务与数据工程进行概述,描述微服务相关技术栈的概念、内涵和主要内容,对数据工程涉及的相关概念,包括数据、信息、信息系统、数据获取、数据管理、数据分析等概念进行解释,同时也对数据工程的发展历程和与其他相关工程领域的关系进行剖析,最后介绍数据工程应用微服务的一般架构、应用开发的基本原则和流程。

　　第2章针对相关环境的配置和构建进行阐述,重点从工程开发环境和组件的实际应用角度,对环境的安装过程、配置流程进行介绍,为基于微服务的数据工程应用开发提供环境支撑。

　　第3章介绍基于微服务的数据工程应用服务运行与跟踪策略与方法,重点从服务应用的启动与运行、负载均衡和服务保护与跟踪几方面来描述微服务应用的实际开发和使用过程。

　　第4章介绍基于微服务的数据工程应用服务通信与配置,服务应用间的通信是数据工程应用中非常受关注并且急需解决的问题,尤其是针对分布在不同区域、不同业务领域的微服务数据工程应用,后台的数据同步、前端的数据请求接口交互、控制器之间的服务调用、权限数据交互等需要采用大量的通信资源,采用消息中间件的机制来解决微服务数据工程应用的通信问题是目前较为普遍也是较有效的一种方法。

　　第5章介绍基于微服务的国产化数据库配置,对数据工程应用中各类型数据库的配置与开发进行详细描述。从实际使用的角度,对国内使用比较广泛的国产化数据库,包括达梦、神通、金仓、南大通用等数据库安装、数据库与微服务的系统集成等过程进行介绍。

　　第6章介绍基于微服务的数据汇聚系统开发实践,以具体应用为例,从一个具体的数据融合系统的开发出发,选择该系统中典型的用户权限与安全管理和数据融合两个模块,阐述基于微服务的数据工程设计和开发的一般流程。

　　第7章介绍基于微服务的数据获取与分析应用系统开发实践。微服务的架构不仅仅在同一平台内进行调用,通过本章的实例,说明了采用不同语言、不同平台也可以对基于微服务的数据工程应用进行集成。本章采用异构的系统开发平台,以典型的数据获取与分析为例,对基于微服务的数据工程应用设计与开发进行阐述。

编写本书的主要分工如下:马武彬负责全书的编写和审核工作,王锐负责第1章和第4章的编写,吴亚辉负责第2章和第3章的编写,周浩浩负责第5~7章的编写。邓苏和戴超凡负责全书的内容架构设计以及后期审核工作。

感谢工程师王普周、曹荣兰、易辉、陈冲在本书所引用的工程代码实现和审核过程中所做的大量工作。本书的编写也得到了国防科技大学信息系统工程重点实验室的大力支持,感谢实验室全体成员为本书提供的帮助。

编　者

2024 年 4 月

目录

微服务与数据工程概述

本章将介绍微服务的相关概念、数据工程原理与应用的基本内涵以及基于微服务的数据工程应用开发的特点与优势。

1.1 微服务概述

微服务一词来源于 Martin Fowler 的 *Mircroservices* 一文。微服务是一种架构风格,将单体应用划分为小型的服务单元,服务之间相互协调、相互配合,最终为用户提供有价值的应用解决方案。微服务之间通过轻量级数据传输协议 HTTP 进行资源访问与操作(通常是基于 HTTP 的 RESTFUL API)。每个服务都围绕具体业务进行构建,并且能够被独立地部署到生产、类生产等环境中。

本节主要介绍目前主流的基于 Spring 框架的微服务架构。首先介绍 MVC 设计模式和 Spring MVC 框架,然后介绍从 Spring MVC 演化而来的 Spring Cloud 微服务技术。

1.1.1 Spring MVC

真正进入业界成熟应用前,在微服务普遍采用一种大家都认同的网络应用开发设计模式,即 MVC 设计模式。MVC 是一种视图、模型和控制分离的设计模式,也是一种 B/S 架构下面向用户的网页请求响应方式。下面对微服务中的相关概念进行定义。

定义 1.1　用户请求（Request）　用户请求是指网络应用中用户向服务提出的服务请求。一般用户请求包含 Get 和 Post 两种模式,都可以作为用户对后台提供请求的方法,两种模式的区别如表 1-1 所示。

表 1-1　用户请求两种模式的特点

请 求 类 别	特　　　点
Get 模式	• 请求可被缓存 • 请求保留在浏览器记录中 • 请求可被收藏为书签 • 请求不应在处理敏感数据时使用 • 请求有长度限制 • 请求只应当用于取回数据

续表

请 求 类 别	特　　点
Post 模式	• 请求不会被缓存 • 请求不会被保留在浏览器历史记录中 • 请求不能被收藏为书签 • 请求对数据长度没有要求

定义 1.2　服务端(Server)　服务端是指网络应用中具备服务能力、对外提供服务的载体。

在一般网络应用中,服务端可以是网络上的虚拟节点、云服务节点,也可以是接入网络的实体服务器。服务端的应用程序需要由程序员开发实现,并且需要较多的计算、存储和网络资源。

定义 1.3　客户端(Client)　客户端是指网络应用中为用户提供本地服务的应用程序载体。

相对于服务端来讲,网络应用中的客户端一般比较轻,可以是部署在终端上的浏览器,也可以是轻量级的网络应用小程序,一般在客户端部署的程序不需要程序员进行编码实现。

定义 1.4　控制器(Controller)　在 MVC 设计模式中,控制器是指在服务端用于处理用户交互的应用模块。

定义 1.5　服务调度器(DispatcherServlet)　服务调度器负责接收用户请求并将请求转发给对应的处理组件,是 MVC 模式中的前端控制器(Front Controller)。

定义 1.6　句柄映射(HandlerMapping)　句柄映射是通过用户请求响应地址来查询后端控制器映射的组件。

定义 1.7　模型与视图(ModelAndView)　模型与视图是 MVC 中用于封装结果视图的组件。

Spring MVC 是 Spring 公司提供的一个实现了 MVC 设计模式的轻量级 Web 框架。以用户的一次请求响应为例,在 Spring MVC 框架下,用户请求(Request)的处理包含 6 个主要步骤,如图 1-1 所示。

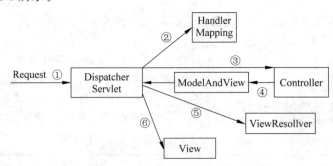

图 1-1　Spring MVC 运行原理图

(1)用户提出请求过程。用户通过网页或者模拟前端提出请求,通过网络地址解析发送到服务端。

(2)请求调度处理过程。服务端接收到用户提出的请求以后,由服务端的调度器(DispatcherServlet)来对服务进行调度处理。

（3）控制器查询过程。调度器在完成分配转发对应的处理组件前,需要通过句柄映射（HandlerMapping）查询对应的后端控制器（Controller）。调度器接收用户请求,然后从句柄映射查找处理该用户的后端控制器。

（4）控制器处理请求过程。句柄映射将请求发送给后端控制器,后端控制器开始根据预先设计好的业务流程对用户请求进行处理,处理完成后,封装 ModelAndView 对象,将用户需要的数据、模型封装起来。

（5）视图处理过程。视图解析器解析 ModelAndView 对象并返回对应的视图给客户端。

（6）视图展现过程。客户端将服务端返回的用户视图通过浏览器或其他客户端应用程序进行展现。

Spring MVC 的运行原理比较简单,属于一种典型的 MVC 框架。与其他 MVC 框架相比,Spring MVC 性能高、灵活性和扩展性强,已经广泛应用于网络应用的开发中。

1.1.2　Spring Boot

Spring MVC 由于其烦琐的配置,一度被认为"配置地狱",各种 XML、Annotation 配置,让人眼花缭乱,而且如果出错了也很难找出原因。Spring Boot 就是在 Spring MVC 基础框架上进一步封装,形成的一种更适合于微服务架构的应用服务架构。Spring Boot 更多的是采用"自动默认配置、用户修改关键配置"的方式,对 Spring 进行配置。

Spring Boot 旨在抛弃传统 JavaEE 工程项目烦琐的配置和学习过程,简化企业级开发框架的整合过程以及配置方式,真正使得可零配置完成原来的单体应用开发。

Spring Boot 通过一系列 Starter POM 的定义,让程序开发者在整合各项功能的需求时,不需要在 Maven 中维护那些错综复杂的 POM 依赖关系,使得对于各项依赖包的管理更为方便。

值得说明的是,随着如今应用部署容器化的流行,Spring Boot 除了可以很好地融入Docker 之外,其自身还支持嵌入式的 Tomcat、Jetty 等容器。因此,使用 Spring Boot 构建的应用不需要以传统方式打包成 War 包再发布到 Tomcat 等烦琐的部署发布流程,只需要将 Spring Boot 应用程序打成 Jar 包,通过 java-jar 命令直接运行,启动一个标准 Web 应用就可以完成部署。

1.1.3　Spring Cloud

如果说 Spring Boot 是对传统单体应用的开发做出了重大改进,那么在此基础上,Spring Cloud 则是针对微服务集群管理与服务治理的一项重大技术突破。

1. Spring Cloud 技术问题

Spring Cloud 是一个基于微服务的分布式解决方案,其所有组件都是基于 Spring Boot的,也就是说,Spring Cloud 中的所有单个组件都是以 Spring Boot 方式实现的。Spring Cloud 技术可以解决的主要问题如图 1-2 所示。

总的来说,以微服务的方式对应用进行部署以后,在这种分布式的服务治理过程中需要考虑如下问题:

图 1-2 Spring Cloud 解决的问题

（1）服务之间的负载均衡问题。每个子系统都可以部署多个应用，多个应用之间使用负载均衡。

（2）服务的注册与发布问题。需要一个服务注册中心，所有的服务都在注册中心注册，负载均衡通过在注册中心注册的服务来使用一定策略实现。

（3）服务的集群网关配置问题。所有的客户端都通过同一个网关地址访问后台的服务，通过路由配置，网关判断一个 URL 请求由哪个服务处理。请求转发给服务的时候也使用负载均衡。

（4）服务之间的相互调用问题。服务之间有时候也需要相互访问。例如，有一个用户模块，其他服务在处理一些业务的时候，要获取用户服务的用户数据。

（5）服务的熔断和保护问题。需要一个断路器，及时处理服务调用时的超时和错误，防止由于其中一个服务的问题而导致整体系统瘫痪。

（6）服务的监控问题。需要一个监控功能，监控每个服务调用花费的时间等。

2. Spring Cloud 技术组成

针对上述问题，Spring Cloud 技术提出了对应的解决方案，形成了针对不同问题的组件，其主要组件包括以下部分：

（1）Spring Eureka——服务中心，Spring Eureka 属于云端服务发现，是一个基于 REST 的服务，用于定位服务，以实现云端中间层服务发现和故障转移。

（2）Spring Cloud Config——配置管理工具包，可以把配置放到远程服务器，集中化管理集群配置，目前支持本地存储、Git 以及 Subversion。

（3）Hystrix——熔断器，Hystrix 是容错管理工具，旨在通过熔断机制控制服务和第三方库的节点，从而对延迟和故障提供更强大的容错能力。

（4）Zuul——Zuul 是在云平台上提供动态路由、监控、弹性、安全等边缘服务的框架。Zuul 相当于设备和 Netflix 流应用的 Web 网站后端所有请求的前门。

（5）Spring Cloud Bus——事件消息总线，用于在集群（例如，配置变化事件）中传播状态变化，可与 Spring Cloud Config 联合实现热部署。

（6）Spring Cloud Sleuth——日志收集工具包，封装了 Dapper 和 log-based 追踪以及 Zipkin 和 HTrace 操作，为 Spring Cloud 应用实现了一种分布式追踪解决方案。

（7）Ribbon——云端负载均衡，Ribbon 提供多种负载均衡策略可供选择，可配合服务发现和断路器使用。

（8）Turbine——Turbine 是聚合服务器发送事件流数据的一个工具，用于监控集群下

Hystrix 的 metrics 情况。

（9）Spring Cloud Stream——Spring 数据流操作开发包，封装了与 Redis、Rabbit、Kafka 等发送接收消息。

（10）Feign——Feign 是一种声明式、模板化的 HTTP 客户端。

（11）Spring Cloud OAuth2——基于 Spring Security 和 OAuth2 的安全工具包，为应用程序添加安全控制。

这些组件在统一的管理平台下运行，其运行流程如图 1-3 和图 1-4 所示。

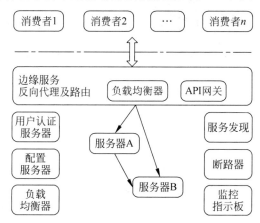

图 1-3　微服务运行流程示意图 1

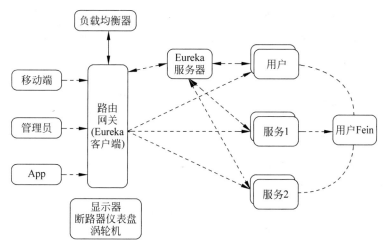

图 1-4　微服务运行流程示意图 2

在本书第 3 章和第 4 章会详细介绍这些组件的含义、运行机制和用法。

3. Spring Cloud 的特点

Spring Cloud 具有如下特点：

（1）约定优于配置（convention over configuration）。在 Spring Cloud 中，大部分参数的配置都是以约定的形式存在，开发人员仅需关注应用中不符合约定的参数部分。

（2）开箱即用、快速启动。由于 Spring Cloud 应用程序中参数以约定的形式存在，并且内置了容器，所以使得应用程序能够快速展开使用。

（3）适用于各种环境。Spring Cloud 基于 Java 开发，程序的运行依赖于 Java 虚拟机环境，可在不同的平台和环境中进行部署和运行。

（4）轻量级的组件。Spring Cloud 关键组件应用设计原则以轻量为主，每个组件的规模受到严格控制，程序运行和配置灵活并且可扩展。

（5）组件支持丰富，功能齐全。Spring Cloud 全家桶组件包含了服务注册、消费、发现、消息队列、智能路由等大多数 Web 应用服务中存在的解决方案，功能非常齐全。

1.2 数据工程原理与应用概述

数据工程（Data Engineering，DE）是规范和支持数据产生、维护、服务、使用、存储、销毁全过程的一系列技术、建设和管理活动的总称，其主要目标是加强数据的管理，强化数据的可用性、可达性和可信性，最大限度地提高数据的使用价值。

1.2.1 相关概念

人类社会正由工业化时代向信息化时代迈进，数据、信息和知识正是信息化时代中最基本的组成内容或本质要素。本节从自动化处理的角度，进一步诠释数据、信息、知识和信息系统的基本概念。

1. 数据相关概念

数据、信息和知识是数据工程中最基本的术语。

数据是指记录下来的事实，是客观实体属性的值。国际标准化组织（ISO）对数据所下的定义是："数据是对事实、概念或指令的一种特殊表达形式，这种特殊表达形式可以用人工的方式或者用自动化的装置进行通信、翻译转换或者加工处理。"根据这个定义，就人类活动而言，常规意义下的数字、文字、图形、声音、图像（静态和活动图像）等，经编码后都可被视为数据。

信息论的奠基人维纳说过："信息就是信息，它不是物质，也不是能量。"依据《军队信息化词典》，信息指"事物存在的方式或运动的状态。认识论的信息是指主体所感知的或表达的事物存在的方式或运动的状态。信息与物质、能量一起构成了人类社会赖以生存和发展的三大要素，是一种重要的战略资源。信息按逻辑可分为真实信息、虚假信息、不定信息；按作用可分为有用信息、无用信息、干扰信息；按载体可分为电子信息、光学信息、生物信息；按应用领域可分为社会信息、经济信息、军事信息、科技信息等。"进而，军事信息主要指"军事领域中活动所产生的信息。主要表现形式有：战略、战役、战术信息；真实军事信息、虚假军事信息、不定军事信息；有用军事信息、无用军事信息、军事干扰信息等。它具有传递性、共享性、时效性等基本特征。在现代军事信息技术推动下，军事信息在信息化战争中发挥着重大作用。"

国家科技领导小组办公室在《关于知识经济与国家知识基础设施的研究报告》中，曾经对"知识"做出如下定义："知识是经过人的思维整理过的信息、数据、形象、意象、价值标准以及社会的其他符号化产物，不仅包括科学技术知识——知识中重要的部分，还包括人文社会科学的知识、商业活动、日常生活和工作中的经验和知识，人们获取、运用和创造知识的知识,以及面临问题做出判断和提出解决方法的知识。"

数据、信息和知识的关系可以描述为:数据可以被认为是信息的可再解释、格式化的表示形式,包括数字、词语、声音、图像等,以适用于存储、传输和处理。信息是指为某个特定目的或在一定范围内集合起来的一组数据。如果不被利用,那么信息什么价值也没有,信息只有被系统地、有目的地积累起来,才能转变为知识。所以说,知识是指用于生产的信息(有价值的信息)。尽管在信息的增值过程中,数据、信息和知识既相互支持,又相互依存,但从计算机科学的角度来看,数据是信息和知识的基础,不能以数据形式表示的信息或知识是无法进行自动化存储、传输和处理的。数据、信息和知识的比较见表 1-2。

表 1-2　数据、信息和知识的比较

比较项	数　据	信　息	知　识
来源	对事件的格式化记录	由大量格式化或非格式化记录综合而成	由大量信息综合、积累产生
形式	具有一定规则的记录	具有一定意义的评述	形成决策判断的综合性知识
抽象性	简单直观	有一定的抽象性	复杂、抽象
编码化程度	可编码,形成数据库、图片、代码等	较难编码	难以编码

在信息理论领域,还有一个由美国社会科学家哈兰·克利夫于 1982 年提出的 DIKW 模型,可以用于表述数据、信息、知识和智慧之间的递进关系,具有一定的参考价值。在这个模型中,D 表示数据(Data),指载有信息内容的可观测、可传输、可存储的数字化信号或数码序列;I 表示信息(Information),指将相关数据经过一系列分析、筛选和归纳后所形成的结果;K 表示知识(Knowledge),是信息的高级层次,知识以信息为原材料,是信息经过提炼后的抽象产物;W 表示智慧(Wisdom),指对掌握知识和应用知识指导实践的能力。可以用"闪电"和"打雷"来解释 DIKW 模型的含义,如"30 万千米/秒""334 米/秒"是两个数据,当这两个数据与某种自然现象联系起来时,就知道第一个数据是光速,第二个数据则是音速,这就形成了信息,先看见闪电,后听到雷声,这就是知识,而运用各种措施方法来预防雷击,这就是智慧了。由此可见,四者构成了层层递进的关系。还可以从作战实践的角度进一步诠释 DIKW 模型。某型防空武器的射程、机动性能等战技术性能是数据,其配属部队的人员编配实力、装备训练水平、维修维护能力等是信息;在作战过程中,根据该型防空武器的性能、用途等总结、归纳、制定的作战运用原则、部署位置、使用方式等是知识;如何更加巧妙地灵活运用,把战术、技术、作战任务和指挥谋略紧密结合,甚至达到出人意料的效果,这就是智慧了。

信息资源是人类社会实践活动中经过有序化加工处理并积累起来的有用信息的集合,具有使用价值的时效性、产生与使用不可分割性、对物质和能量等资源的驾驭性。信息资源按内容属性可分为政治、经济、科技和军事信息资源等,按范围属性可以分为狭义的信息资源和广义的信息资源。前者指依附于一定载体的信息,也就是指信息内容本身;后者不仅包括信息内容本身,还包括与信息活动密切相关的各类支持手段,如信息技术、信息系统、信息人员、信息设备、资金等。信息资源已经成为人类社会财富的重要内容,成为国家生存和发展的战略资源,成为国际政治、经济和军事竞争的焦点。

由于数据的基础性,也可以用数据资源来表达信息资源。在本书中,数据资源也为信息资源。换言之,数据资源是能够使用数字化表示,能够方便地进行自动化存储、传输和处理的信息资源。

2. 信息系统的相关概念

在通常的意义上,信息系统是以信息的获取、存储、传输、处理、管理和应用等为主要功能的系统的统称,是与信息加工、信息传递、信息存储以及信息利用等有关的系统,是由人、计算机(包括网络)和管理规则组成的集成化系统,为各类作业、管理和决策等提供支持。

近年来的高技术局部战争表明,指挥信息系统是现代战争的神经中枢和“兵力倍增器”,是夺取信息获取权、控制权和使用权的最有效手段。

信息系统中最主要的一项任务是对信息进行管理。信息管理是根据使用目的而对信息进行收集、处理、组织、存储、提取和传递等的一系列功能的总称。其目的是提高信息利用效率,最大限度地实现信息效用价值。传统的信息管理技术主要是指图书馆对文献的收藏、整理和检索、提供等过程中所采用的一系列技术。随着信息技术的发展,“信息”的内涵和外延发生了巨大变化,现代意义上的信息管理技术主要围绕数字化的信息展开,主要包括数据存储技术、信息组织技术、信息分发技术、信息服务技术和信息安全技术等。其中,数据存储技术使得信息能跨越时间得以保存;信息组织技术使得信息从零散、无序的状态转换为有机联系的有序状态;信息分发技术使得信息得以传送给用户;信息服务技术强调的是满足用户的需求;信息安全技术则为上述各项技术提供安全保障。信息管理一般基于数据库、搜索引擎等信息系统。信息管理常用的方法手段有分类、主题、元数据、索引等,还可以辅以可视化技术等对信息进行更全面的管理。随着人类社会对信息技术依赖程度的不断加深,需要进行管理的信息规模迅速增大,对海量异构的信息尤其是非结构化信息(如文本、图形图像、音频视频等)进行高效管理和有效利用成为信息管理技术发展的重要趋势。

3. 数据工程的相关概念

数据工程是采用工程化的技术手段对数据进行体系设计、获取、处理、存储、分析、应用等操作的总称。数据工程的目的是将数据充分组织运用,提升并发挥数据的价值。

1) 数据体系模型设计

数据体系模型是对数据工程的数据资源建设内容进行设计,包括数据的实体关系模型、数据计算模型、数据归属、数据来源去向等。

2) 数据采集获取

数据采集获取是借助数据获取工具、数据采集工具、传感器设备等相关数据获取系统和设备,从物理环境或者其他数据源获取数据的全过程。

数据获取手段种类繁多,可以从不同的角度、以不同的方式进行分类。

(1) 按照数据获取的方式可以分为在线数据获取和离线数据获取;按运用场合可以分为空间数据获取、空中数据获取、地面数据获取、水下数据获取等。

(2) 按数据获取过程所利用的介质可以分为光电数据获取、无线电波数据获取、声波数据获取等。

(3) 按照数据获取功能的实现是否依赖于专门向目标发出能量,又可分为以下两类:

① 有源数据获取,或称主动数据获取,指必须有数据获取装备向目标发出能量才能获取目标数据。

② 无源数据获取,或称被动数据获取,指数据获取设备无须向目标发出能量,只是通过接收目标自身辐射的能量来获取目标数据。

3）数据存储

数据存储是将经过选择、描述、加工、序列化后的数据按照一定的格式和顺序存储在特定载体中的过程和方法。数据存储是数据采集的结果,同时又是数据管理者和用户快速准确地识别、定位和检索数据的保障。

在几千年的人类文明史中,数据的存储介质经历了漫长的路程。由开始时的甲骨、竹简、缣帛到后来的纸张和现在的电子型存储器,这些载体都曾经起过或正在起着重要作用。随着计算机技术的飞速发展,新兴数据载体,如光盘、新型半导体、光电、铁电和磁性存储器的崛起,正充分显示出它们的优越性。磁存储因为其存储时间长、更新容易、技术成熟度高等特点,成为数据存储的主流。基于计算机的数据存储源于 20 世纪的终端/主机计算模式。随着客户机/服务器(C/S)模式的普及,使得网络上的文件服务器和数据库服务器成为大量数据汇集的地方,同时客户机上也有一定量的数据,数据的分布造成数据存储管理的复杂化。数据存储作为构成信息系统的主要支撑,逐步从信息系统中独立出来。

随着 20 世纪 90 年代互联网的迅猛发展,存储服务和网络服务相结合发展为网络存储技术,并逐渐形成了较为成熟的网络存储模式。其中,最有代表性的是附网存储(Network Attached Storage,NAS)和存储区域网(Storage Area Network,SAN)。NAS 是一种特殊的专用数据存储服务器,包括存储器件(例如,磁盘阵列、CD/DVD 驱动器、磁带驱动器或可移动的存储介质)和内嵌系统软件,可提供跨平台文件共享功能。SAN 是存储设备与服务器经由高速网络设备连接形成的存储专用网络。日益增长的数据存储需求,从 MB、GB、TB、PB、ZB 不断增长的数据量,使数据存储越来越复杂。此外,日益复杂的异构平台、不同厂商的产品、不同种类的存储设备给存储管理带来了诸多难题。系统整合、资源共享、简化管理、降低成本、自动存储成为数据存储技术的发展要求,数据存储技术正向高性能、高可靠性、高可用性、分布式、易扩展、易使用、易维护、自适应性和开放性等方向发展。

4）数据组织

数据组织是指对数据的外部特征和内容特征进行揭示和描述,并按给定的参数和序列公式排列,使数据从无序集合转换为有序集合,将数据转为数据资源或将潜在的数据资源转为显在数据资源。数据组织是对数据检索、数据资源开发与管理的准备,是数据资源采集后的首项工作。

数据组织的基本对象是数据的外部特征和内容特征。数据的外部特征是指数据的物理载体直接反映的对象,构成数据外在、形式上的特征,如数据载体的物理形态、题名、作者、发表日期、传播标记等方面的特征;数据的内容特征就是包含的内容,可以由关键词、主题词或者其他知识单元表达。

数据组织有广义和狭义之分。广义的数据组织的基本内容包括数据选择、描述与揭示、加工、数据序化和数据存储。狭义的数据组织往往指数据序化。数据序化的方法有很多,比如分类法、主题法、目录、索引等。数据序化是数据组织最核心的内容。

数据组织按照数据表现形式可划分为结构化数据组织和非机构化数据组织。结构化数据组织主要是指对结构化数据,主要是以数据库的形式进行组织;非结构化数据组织是对文字数据、图像数据、音频数据、视频数据等进行组织。

按照数据运动状态的基本方面,数据组织可以分为语法数据组织、语义数据组织和语用数据组织等。语法数据组织指按照形式特征组织信息,最常见的组织方法有字顺组织法(音序、形序以及两法并用)、代码法、地序组织法、时序组织法。语义数据组织指研究数据的内容特性并对数据进行描述,最常见的组织方法包括分类组织法和主题组织法。语用数据组织是借助语用学的特有含义来研究随环境与使用者的不同而不断变化的信息,常见的组织方法包括权重值组织法、概率组织法、个性组织法、数据库组织法。

5) 数据服务

数据服务是指针对用户数据需求,将有价值的数据传递给用户的一系列技术。其目的是传播数据、交流数据和实现数据增值,是数据工程中的重要组成部分。数据服务技术包括两方面的内容:一是对分散的数据进行收集、评价、选择、组织、存储,以组件的形式加载到应用系统或者服务接口中,以方便用户利用;二是对用户及其数据需求进行收集和分析,以便向用户提供有价值的数据。

基本的数据服务有如下方式:

(1) 数据检索服务。根据用户的需求或提问,从各类不同的数据库或信息系统中,迅速、准确地查出与用户需求相符合的、一切有价值的资料和数据。

(2) 数据注册与发布服务。为满足用户的数据需求,机构对搜集到的大量资料和信息进行整理、加工、评价、研究和选择之后,完成数据注册,及时进行发布。

(3) 数据咨询服务。帮助用户解决信息问题的一种专门咨询活动。

(4) 网络信息服务。早期互联网上的名录(黄页)服务、邮件服务等都属于网络信息服务。

随着互联网的普及,人们的生活与工作越来越依赖于互联网,云计算技术等网络信息技术的出现和成熟,网络信息服务的范围越来越广泛,从利用搜索引擎搜索信息,到电子商务中的实时商品推荐等,无不属于网络信息服务。常用的数据服务技术有数据检索技术、数据挖掘技术、数据仓库技术、数据分析技术、信息可视化技术等。针对种类繁多的非结构化信息,往往还需要采用多媒体技术、自然语言理解技术、自动文摘技术等对其进行处理。为更加贴合用户的需求,甚至主动为用户服务,人工智能技术、用户行为分析技术、知识图谱技术、智能预测技术等也被越来越多地应用于信息服务中。

6) 数据融合

数据融合是利用计算机技术对从一个或多个信息源获取的数据和信息,基于一定准则进行汇聚、关联和聚合操作,从而得出更为准确、可靠的数据。1973 年,美国国防部资助开发的声呐信号处理系统提出了数据融合的概念。20 世纪 80 年代,为了满足军事领域中作战的需要,多传感器数据融合(Multi-Sensor Data Fusion, MSDF)技术应运而生。1988 年,美国将 C3I(Command,Control,Communication and Intelligence)系统中的数据融合技术列为国防部重点开发的二十项关键技术之一。20 世纪 90 年代,随着信息技术的广泛发展,提出了具有更广义化概念的"数据融合",这一概念在军事应用中受到了越来越广泛的关注。

数据融合是在几个层次上完成对多源数据处理的过程,其中每一个层次都具有不同级别的数据抽象。这个处理过程是从感知到认知的一种不断优化的过程,优化的手段包括探测、互联、相关、估计以及数据组合等。数据融合的结果包括较低层次上的状态估计和身份估计,以及较高层次上的整个战术态势估计。人们提出了多种数据融合模型,用于对数据整合的功能进行划分。其中最著名的是美军联合指挥实验室(Joint Directors of Laboratories)于 1985 年提出的 JDL 模型。经过多年的改进和推广使用,该模型已成为美国国防信息融合系统的一种实际标准,也为大多数信息融合系统所采纳。JDL 模型将数据融合分为 5 级。

(1) 第 0 级——信号级优化:基于像素/信号级数据关联和特征,对可观测信号或目标状态进行估计和预测。

(2) 第 1 级——目标优化:基于对观测数据所做的推理,进行实体状态的估计和预测。

(3) 第 2 级——态势评估:基于对实体间的关系所做的推理,进行实体状态的估计和预测。

(4) 第 3 级——效果评估:对参与者预先计划、估计或预测的行为对态势造成的影响进行估计和预测(例如,评估某个行动计划对所估计/预测的威胁行动的易感性和易受攻击性)。

(5) 第 4 级——过程优化:属于资源管理的一个要求,通过自适应数据采集和处理以支持使命任务。

数据融合的目的是从多个信息源数据中得到关于对象和环境全面、完整的信息,由于数据具有多样性和复杂性,因此数据融合技术的关键就是融合方法的选择。一般来说,对数据融合方法的基本要求是具有鲁棒性和并行处理能力。此外,还有对运算速度和精度、与前续预处理系统和后续信息识别系统的接口性能、与不同技术和方法的协调能力及对信息样本的要求等。

数据融合的常用方法可概括为随机和人工智能两大类。随机类方法有加权平均法、卡尔曼滤波法、多贝叶斯估计法、证据推理等;人工智能类方法主要有模糊逻辑理论、人工神经网络和粗糙集理论等。加权平均法是最简单、最直观的信号级融合方法。它直接对数据源进行操作,对一组传感器提供的冗余信息进行加权平均,其结果作为融合值。卡尔曼滤波法主要用于融合低层次实时动态多传感器冗余数据。该方法用测量模型的统计特性递推,如果系统与传感器的误差符合高斯白噪声模型,该方法可以得到统计意义下的最优融合和数据估计。多贝叶斯估计法是融合静态环境中多传感器高层数据的常用方法。它用概率原则组合传感器信息,用条件概率表示测量的不确定性,对传感器的数据进行融合。多贝叶斯估计将每一个传感器作为一个贝叶斯估计,将各个单独物体的关联概率分布合成一个联合后验概率分布函数,通过最小化其似然函数,提供多传感器信息的最终融合值。其缺点是精度不高。

7) 数据分析

数据分析是在数据检查、清洗、转化、建模和知识发现等操作过程中所应用的一系列方法的总称。目的是将隐没在数据中的信息或知识集中、萃取和提炼出来,以找出所研究对象的内在规律,以更有效地支持决策。数据分析技术的发展经历了基于调查的统计分析技术、基于数据库的数值数据分析技术、基于网络关系数据库的联机分析处理(On-Line Analytical Processing,OLAP)技术、探索性数据分析与数据挖掘技术、非结构化数据(文本、多媒体数据等)分析与挖掘技术以及大数据分析与挖掘技术等阶段。

数据分析技术随着关系数据库技术的发展和应用得到了飞速发展,所处理的数据主要以结构化的属性与数值数据为主,分析技术从以图表、报表等形式的统计分析技术发展为以模式、模型等形式的探索性数据分析与挖掘技术。随着多媒体技术和网络技术的飞速发展，针对文本、多媒体数据等非结构化数据的分析技术得到了广泛的研究和应用，尤其是进入大数据时代，以人工智能、云计算和分布并行处理技术等新兴技术为核心的大数据分析技术成为研究和应用热点。数据分析过程包括识别信息需求、收集数据、存储数据、分析数据、评价并改进数据分析的有效性组成。

按照所分析数据的特点，数据分析技术可分为以属性和数值为主的结构化数据分析技术，以文本、多媒体为主的非结构化数据分析技术和以大数据为主要特点的大数据分析技术。

结构化数据分析技术主要包括：

(1) 描述性统计分析；

(2) 信度、效度分析；

(3) 探索性因素分析和验证性因素分析；

(4) 结构方程模型分析；

(5) 数据建模分析等。

非结构化数据分析技术主要包括：

(1) 自然语言处理；

(2) 数据特征学习与挖掘；

(3) 分类与聚类；

(4) 语义数据分析与萃取；

(5) 数据建模与推理等。

大数据分析技术主要包括：

(1) 大数据分布式存储；

(2) 大数据并行处理；

(3) 大数据关联分析；

(4) 基于大数据的预测与决策等。

8) 数据可视化

数据可视化是指研究各种数值和非数值的文本，层次型、关系型等数据的视觉表示与交互，以增强数据认知效果的过程。按照数据类型的不同，数据可视化的研究对象主要包括数值和非数值型的文本数据、空间数据、多维数据、层次和关系数据、流数据等，实际应用中通常是多种数据类型的叠加、融合及其不完整子集等。数据可视化中的视觉表示，是通过图形化方法将复杂的数据映射到二维或三维图形空间，以获得直观视觉感受的技术手段；交互是通过融合人的选择、判断、探索和组织，完成对数据分析理解的操作与反馈过程。

按照数据传递的层次，数据可视化的作用包括传递数据的内容、揭示数据中存在的规律或隐匿模式、激发探索灵感与发现等不同层次。数据可视化是随着计算机图形学和图形用户界面的兴起而发展起来的，核心是从原始数据、可视化表示，到人的感知的一系列处理过程，包括数据转换、可视映射、视图转换、用户交互 4 个关键内容，完成从数据模型、可视模型到任务模型映射和反馈的过程。

(1) 数据转换。研究原始数据统计分析、筛选过滤、数值运算、结构化、配准、聚类等的处理技术。数据转换是作用于原始数据上的操作，输出可以进行可视化映射的数据子集，又称数据表。数据转换的作用是定位选择可视化对象并进行可视化准备。

（2）可视映射。研究将数据表中的数据项转换为空间位置、标记和图形属性等可视化结构的技术。可视映射的基础是视觉通道,包括图形的形状、体积、面积、角度、长度、色调、饱和度、纹理、位置、连接关系、包含关系等,核心过程是基于数据类型的视觉通道选择与组合,形成针对具体数据的可视化结构。

（3）视图转换。研究对可视化结构进行选择、缩放、裁剪,映射为图像的技术。视图转换将逻辑空间的可视化结构投影到屏幕空间,供用户进行观察和交互。

（4）用户交互。研究上述过程中的对象选择与参数调整的技术。用户交互使得可视化结果更完整精确地服务于任务模型。

除此之外,数据可视化还研究可视化图形中的美学形式和认知功能的平衡、可视化结构的感知效率、智能交互等问题。应用数据可视化的形式包括各类折线图、直方图、地图、等值线/面图、树图、网络图以及各类定制的可视化图形等,应用对象包括文档、统计表格、社会网络、网络监控、战场态势等数据,在信息处理、数据展现、作战仿真推演方面有广泛的应用。

1.2.2　数据工程发展历程

"得数据者得天下。"在信息化社会特征越来越显著的当今世界,这种理念已经深入人心。随着信息化应用复杂程度的日益增加,数据逐渐成为信息化建设的重点和难点问题。数据的处理技术和一般的软件设计处理技术多有不同,这导致了 20 世纪 60 年代、70 年代的数据库处理技术的兴起,但当时的系统规模不大,模型、设计和管理通常可以由一个或几个专家来承担。进入 20 世纪 80 年代后,信息化应用的规模越来越大,内容愈加复杂,获取和管理数据需要众多专家的合作努力,数据已难以由个人单独承担处理,其管理必须作为一个工程学科对待,由此演进出了数据工程的理念。

1987 年,IEEE 学会的知识与数据工程会刊(IEEE *Transactions on Knowledge and Data Engineering*,IEEE TKDE)提出使用数据工程理念取代之前的数据库工程理念。数据工程植根于数据库技术,是对数据库工程的扩展,并体现了该领域的发展和变化。Richard L. Shuey 解释了数据工程的含义,数据工程的总体目标是保证在大型计算机和信息系统中,个体组件及其内部进程所需的数据,能够在需要时以适当的形式使用,并具有适当的访问和安全性控制。

随着数据库更加普遍地被多个应用程序和多个用户共享,实现这一目标的主要技术将超越数据库本身,相关技术包括通信系统、安全和密钥、人工智能、管理和控制内部和外部数据库系统、分布式体系结构、不同和独立的信息系统接口、数据库集成技术、事务和数据系统软件、对现有信息和数据的整合等。IEEE TKDE 从知识与数据的获取、管理、存储、服务等几方面来定义知识与数据工程的内涵。由于数据和知识是信息系统的血液,因此,数据工程和知识工程自然而然地成为信息技术的主要支撑技术工程学科,成为保障国家信息发展与安全的重要建设内容,成为国际上非常活跃的研究领域,具有重要的实际应用价值。

外军在信息化建设过程中,也遇到了数据建设与运用的重点和难点问题。美军较早地认识到数据共享和集成管理的重要性,从 20 世纪 60 年代起,开始对其国防部范围内的数据实施统一管理。从 20 世纪 90 年代起,吸收了数据工程的思想,开始重视数据在信息系统中的核心作用,提出了一系列体系结构和实施方法,来实现美国国防信息系统的数据资产建设与共享,并且在国防部体系结构框架中不断强化数据的地位和作用。2003 年提出的网络中心战数据策略,是现阶段美军数据工作的一个指导性文件,国防部体系结构框架 1.5 已经明确将网络中心战数据策略作为其数据管理策略,逐步确立了以数据为中心的信息系统建设思路。2021 年 7 月,美国国防部发布了数据管理策略,指出随着云计算在美国军方的广泛推广与使用,并带来了巨大的军事和经济效益,其云计算架构、数据管理与访问策略成为了研究和学习的对象。该文件从现有的美国国防部云计算架构出发,分析了其架构中首席数据官(Chief Data Officer)的职责、美国国防部云计算数据的分类管理、迁移管理等内容,对美军国防部云计算元数据和权限管理进行了总结与分析,指出了未来美军数据建设和发展的重点方向,对数据工程的建设也做出了规划。

随着信息化建设的推进,我国开始重视数据工程的研究与运用,但国内研究工作多仅限于对数据库本身技术的研究,如中国人民大学数据工程与知识工程研究所在数据工程领域,主要聚焦在数据管理问题上,包括数据库系统和数据永久保存。前者可以看作数据处于活跃期的管理问题,主要考虑数据管理的正确、效率和安全,后者可以看作数据处于休眠期的管理问题,也就是数据作为档案形态存在的管理问题,主要考虑数据永久保存和数据故障恢复等问题。

数据工程(Data Engineering,DE)是规范和支撑数据产生、维护、服务、使用、存储、销毁全过程的一系列技术、建设和管理活动的总称。其主要目标是加强数据的管理,强化数据的可用性、可达性和可信性,最大限度地提高数据的使用价值。数据工程建设的实质是将系统工程的方法用于解决数据建设中存在的各种问题,将非格式化的信息或无序的信息转化为能够满足使用要求,可处理、可共享的数据,并且加以充分的组织运用,促进各领域间、各业务间的数据交换和综合利用,尽可能提高数据建设的效率与效益。数据工程是信息化建设中的基础工程之一。

1.2.3　数据工程与信息工程领域的关系

1. 与信息工程的关系

20 世纪 60 年代和 70 年代,以美国为首的一些信息技术发达国家,出现了与"信息孤岛"问题相类似的"数据处理危机"问题。人们吃惊地发现了分散开发所带来的严重后果,要修改原先的软件、重新组织数据、连成一个统一的大系统,所耗费的人力和资金比重新建立还要多,仅靠采取维护和修改的办法走出困境是根本行不通的。美国在 20 世纪 80 年代初的统计表明,全国每年软件维护费耗资 200 亿美元。系统维护问题就像病魔似地阻碍着数据处理的发展,这就是人们所说的"数据处理危机"。以詹姆斯·马丁(James Martin)为代表的美国学者,总结了这一时期数据处理发展正反两方面的经验,在有关数据模型理论和数据实体分析方法的基础上,结合他发现的"数据类和数据之间的内在关系是相对稳定的,而对数据的处理过程和步骤则是经常变化的"这一数据处理的基本原理,于 1981 年出版了 *Information Engineering*,提出了信息工程的概念、原理和方法,勾画了一幅建造大型复杂信息系统所需要的一整套方法和工具的宏伟图景。1982 年出版了 *Strategic Data-Planning Methodologies*,它总结了信息工程的基础理论和奠基性工作,对总体数据规划方法从理论到具体做法都进行了透彻的阐述。经过几年的实践和深入研究,詹姆斯·马丁于 20 世纪 80 年代中期又出版了 *An Information System Manifesto*,对信息工程的理论与方法加以补充和发展,特别是关于"自动化的自动化"思想、最终用户与信息中心的关系以及用户在应用开发中应处于恰当位置的思想,都有充分的说明;同时加强了关于原型法(prototyping)、第四代语言和应用开发工具的论述;最后,向与信息工程有关的各类人员(从企业领导到程序员,从计算机制造商到软件公司),以"宣言"(Manifesto)式的忠告,提出了转变思维和工作内容的建议。实际上这是一系列关于建设高效率、高质量的复杂信息系统的经验总结。至此,可以认为信息工程作为一个学科已经形成了,并且成为解决信息系统集成的主流方法论。2021 年,中国工程院发布了未来信息工程发展的十四大趋势,被公认为未来信息工程领域发展方向的指南。这十四大趋势包括了信息化、计算机系统与软件、网络与通信、计算机应用、网络安全、集成电路、数据、感知、电磁场与电磁效应、控制、认知、测量计量与仪器、区块链以及光学工程。这些技术都是未来引领该领域发展的重要方向。

信息工程的基本原理如下:

(1) 数据位于现代数据处理系统的中心。

(2) 数据是稳定的,处理是多变的。可以通过有效的方法建立稳定的数据模型,以适应行政管理上或业务处理上的变化,这正是面向数据的方法所具有的灵活性。

(3) 最终(高层)用户必须真正参加开发工作。企业的高层领导和各级管理人员都是信息系统的用户,正是他们最了解业务过程和管理上的信息需求。所以从规划到设计实施,在每个阶段都应该有用户的参与。

信息工程作为一个工程领域要比软件工程更为广泛,它包括了建立基于当代数据库系统的计算机化企业所必需的所有相关知识。马丁认为,软件工程仅仅是关于计算机软件的规范说明、设计和编制程序的学科,实际上是信息工程的一个组成部分。信息工程是一种"透过工程手段去处理信息"的学科,属于计算机科学的一个分支。从这一定义中可以看出 3 个基本点:一是信息工程的基础是当代数据库系统;二是信息工程的目标是建立计算机化的企业管理系统;三是信息工程的范围是广泛的,是多种技术、多种学科的综合。

信息工程和数据工程是相辅相成的,信息工程转变了传统的以处理为中心的信息系统开发思路,确立了以数据为中心的新思维,但信息工程并没有特别关注数据的全寿命管理、应用和安全等关键问题,数据工程则是关注数据的全寿命的工程。需要指出的是,信息工程的基本原理在数据工程中依然适用,换句话说,一是要充分认识到数据是信息系统的核心,数据建设的成效对信息系统能够产生的效益至关重要;二是要大力推进数据模型建设,积累充足的数据,数据资源的开发利用是工作重点;三是数据工程是"一把手"工程,是"用户"工程,主官应该挂帅,相关业务人员或信息系统的使用人员必须真正参加建设工作。数据工程不是一个"交钥匙"工程,而是一个伴随业务工作而不断深化认识,持续积累发展的工程。同时,不应该将数据建设和信息系统建设割裂开来,既要认识到数据建设的特有规律,更要将数据建设与信息系统建设密切结合,深度融合,统建统管。

2. 与软件工程的关系

软件工程的兴起源于 20 世纪 60 至 80 年代的软件危机。软件工程概念于 1968 年提出,研究和应用如何以系统性的、规范化的、可定量的过程化方法去开发和维护软件,以及如何把经过时间考验而证明正确的管理技术和当前能够得到的最好的技术方法结合起来。软件工程的目标是:在给定成本和进度要求的前提下,开发出具有可修改性、可理解性、可维护性、可重用性、可适应性、可移植性、可追踪性和可互操作性并且满足用户需求的软件产品。进入21世纪,软件工程更是加快了发展步伐,其目标变成了在互联网甚至物联网平台上进一步整合资源,形成巨型的、高效的、可信的虚拟环境,使所有资源能够高效、可信地为所有用户服务。软件工程与数据工程相互伴随发展。二者的相同之处在于,数据工程充分吸收了软件工程的研究成果,采用了软件工程的技术架构,通常要求所有应用程序均可通过调用统一的数据访问服务,透明地查询数据资源,在应用和数据资源之间增加业务规则和数据访问层,使得数据和程序更易于实现重用,实现层与层之间的透明性,以便系统维护、升级和扩充。二者的不同之处在于,软件工程主要关心程序的开发和管理问题,数据工程则更加关心数据的全寿命管理、运用和对应用程序的支撑等问题。

1)与知识工程的关系

知识工程由美国人工智能专家费根·鲍姆提出,是人工智能与计算机技术结合的产物,是研究"知识处理"的专有课题,要用计算机来模拟人脑的部分功能,或解决各种问题,或回答各种询问,或从已有的知识推出新知识等。知识的获取、知识的表示和知识的运用是知识工程的主要研究内容。知识工程与数据工程紧密相关,但处理的对象不同,数据和知识分别代表了信息的两个层次,知识的获取和管理技术与数据采集和处理技术不尽相同,数据工程关注的技术内容更为基础,更便于计算,是知识工程的重要支撑部分。

2)与人工智能的关系

人工智能和数据工程都是当前的热门技术,人工智能的发展要早于数据工程的发展,人工智能在20世纪50年代就已经开始发展,而数据工程的概念直到2010年左右才形成。从百度指数的数据可以看出,人工智能受到国人关注要远早于数据工程,且受到长期、广泛的关注,近两年再次被推向顶峰。人工智能的影响力要大于数据工程的影响力。数据工程从2013年开始得到较多关注,并逐步发展。

人工智能和数据工程是紧密相关的两种技术,二者既有联系,又有区别。

(1)人工智能与数据工程的联系。一方面,人工智能需要数据来建立其智能,特别是机器学习。例如,机器学习图像识别应用程序可以查看数以万计的飞机图像,以了解飞机的构成,以便将来能够识别出它们。人工智能应用的数据越多,其获得的结果就越准确。在过去,人工智能由于处理器速度慢、数据量小而不能很好地工作。今天,数据工程为人工智能提供了海量的数据,使得人工智能技术有了长足的发展,甚至可以说,没有数据工程就没有人工智能。另一方面,数据工程为人工智能提供了强大的存储能力和计算能力。在过去,人工智能算法都是依赖于单机的存储和单机的算法,而在数据工程时代,面对海量的数据,传统的单机存储和单机算法都已经无能为力,建立在集群技术之上的数据工程技术(主要是分布式存储和分布式计算),可以为人工智能提供强大的存储能力和计算能力。

(2)人工智能与数据工程的区别。人工智能与数据工程也存在着明显的区别,人工智能是一种计算形式,它允许机器执行认知功能,例如,对输入起作用或反应,类似于人类的做法,而数据工程是一种传统计算,它不会根据结果采取行动,只是寻找结果。另外,二者要达成的目标和实现目标的手段不同。数据工程的主要目的是通过数据分析来掌握和推演出更优方案,支撑最优决策。以目前非常流行的视频推送为例,之所以每个用户会接收到不同的推送内容,是因为数据分析平台根据用户日常观看的内容,综合考虑用户的习惯和偏好,推断出哪些内容更可能让用户产生共鸣,并想将其推送给自己。而人工智能的开发,则是为了辅助和代替更快、更好地完成某些任务或进行某些决定。不管是汽车自动驾驶、自我软件调整或者是医学样本检查工作,人工智能都可以同人类一样完成相同的任务,但区别就在于其速度更快、错误更少,它能通过机器学习的方法,掌握我们日常进行的重复性事项,并以其计算机的处理优势来高效地达成目标。而数据工程则是为人工智能提供更可靠、可用、可观的数据支撑。

1.3　基于微服务的数据工程应用开发

1.3.1　数据工程应用微服务架构

1. 传统数据工程应用架构

首先介绍相关定义。

定义 1.8　面向切面的编程(Aspect Oriented Programming,AOP)AOP 是指通过预编译方式和运行期间动态代理实现程序功能的统一维护的一种技术。AOP 是软件开发中的一个热点,也是 Spring 框架中的一个重要内容,是函数式编程的一种衍生范型。利用 AOP 可以对业务逻辑的各个部分进行隔离,从而使得业务逻辑各部分之间的耦合度降低,提高程序的可重用性,同时提高开发效率。

定义 1.9　控制反转(Inversion of Control,IOC)是一种指导开发人员如何使用对象去管理对象的设计思想。通过控制反转,对象在被创建的时候,由一个调控系统内所有对象的外界实体将其所依赖的对象的引用传递给它。也可以说,依赖被注入对象中。

定义 1.10　依赖注入(Dependency Injection,DI)DI 是 IOC 的一种技术实现。通过 DI,开发者只需要提供要使用的对象的名称就可以了,至于如何去创建、从容器中查找和获取对象,都由容器内部自己实现,而不用开发者关注。

传统的数据工程应用采用集中服务式方式,服务一般统一部署在中间件中,由中间件来进行反向代理和负载均衡等管理服务。传统的数据工程应用后台业务逻辑耦合在一起,各个模块组合在统一的服务端上对外提供服务,其典型结构如图 1-5 所示。与 Spring MVC 架构类似,AOP 思想使得业务逻辑在代码层面上相对独立,例如,控制层专注于对前端控制业务逻辑的处理,服务层专注于对后台处理服务逻辑的处理。然而,AOP 并没有完全解决各个业务逻辑的完全独立问题,应用模块的部署仍然存在于一个中间件中,某个模块的失效可能导致系统级的崩溃,运行风险相对较高。同时,由于模块之间的耦合度太高,对其中每个模块的升级都必须同步更新其他所有模块,所以已经逐渐不适用于现代的数据工程应用。

2. 微服务架构

传统数据工程应用服务的架构劣势显而易见,正是为了解决上述问题而提出了微服务架构。与图 1-5 中典型单体应用架构不同的是,各模块并不是单一地部署在同一个服务器上,而是按照一定规则和需求分布式地部署到不同的服务器上,如图 1-6 所示。

微服务架构的数据工程应用主要有以下特点:

(1)服务粒度小。微服务架构的主要特点之一是服务粒度相对较小。一般来讲,每个微服务只专注于做某一件事情,处理好一个明确切分的业务逻辑,完成针对单一职责的业务能力封装。

(2)模块之间的耦合度低。由于将应用中功能模块做成微服务的形式,每个微服务之

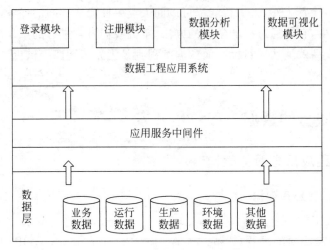

图 1-5　典型单体应用架构示意图

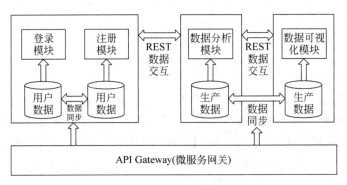

图 1-6　微服务架构示意图

间通过轻量级的数据传输协议进行交互,因此功能模块之间耦合度非常低。低耦合度主要带来两点优势:第一,在保持数据通信交互接口不变的情况下,每个模块都可以进行独立的开发和功能演化;第二,开发团队的独立与自治,每个微服务由相对独立的团队进行维护和管理,在自身的上下文环境中进行服务决策和治理,不需要统一指挥,相互依赖度较低,能够支持松散社区连接。

(3) 系统的扩展性强。在微服务架构中,在业务层面不再需要对原先的已经成型的代码进行大量的修改,每个微服务的独立部署为维护使得业务逻辑的扩展相对独立,并且非常方便。

(4) 很好地支持分布式部署。微服务的架构与传统的服务架构相比,最大的优势是很好地适用于当前并行分布式计算环境。微服务架构天然就是分布式设计与实现的范本,每个微服务可以部署在独立的服务治理环境中,对外提供统一服务。

微服务应用平台的架构如图 1-7 所示,主要按开发与集成、微服务运行容器、微服务平台、运行时监控治理和服务网关等维度划分。

(1) 开发与集成。主要是搭建一个微服务平台需要具备的一些工具和仓库,包括微服务开发设计器、代码仓库、设计仓库、介质仓库等。

(2) 微服务运行容器与微服务平台。微服务在运行时需要微服务平台提供基础和分布

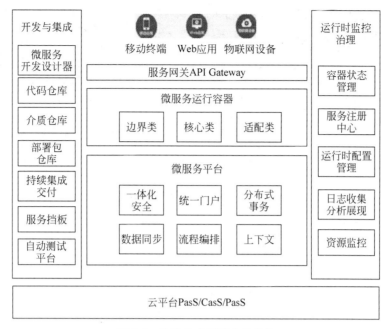

图 1-7　微服务应用平台的架构

式支撑能力,微服务平台包括了对统一门户、分布式事务、数据同步、一体化安全等关键组件。微服务容器则运行在这个平台上。

（3）运行时监控治理。对微服务的监控治理是微服务能够提供可靠服务的关键。该部分内容主要致力于在运行时能够对受管的微服务进行统一的监控、配置等能力。

（4）服务网关。微服务服务网关负责与前端的 Web 应用、移动 App 等渠道集成,对前端请求认真进行鉴权,然后路由转发。

1.3.2　基于微服务的数据工程应用开发原则

在基于微服务的数据工程开发中,应当遵循的原则主要包括以下几方面。

1. AKF 拆分原则

AKF 扩展立方体是 AKF 的公司的技术专家抽象总结的应用扩展的 3 个维度,如图 1-8 所示。理论上按照这 3 个维度,可以将一个单体系统进行无限扩展。

X 轴：是指水平复制,这很好理解,就是在单体系统中多运行几个实例,建立集群加负载均衡的模式。

Z 轴：是基于类似数据的分区,比如一个互联网打车应用突然用户量激增,集群模式无法支撑,此时按照用户请求的地区进行数据分区,北京、上海、四川等多建几个集群。

Y 轴：就是所说的微服务的拆分模式,即基于不同的业务进行拆分。

场景说明：比如打车应用,当一个集群无法支撑时,可采用多个集群,若用户激增,经过分析发现主要原因是乘客和车主访问量很大,则可以将打车应用拆分为 3 个服务：乘客服务、车主服务、支付服务。3 个服务的业务特点各不相同,独立维护,各自都可以再次按需扩展。

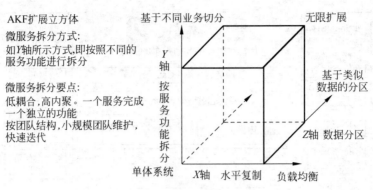

图 1-8　AKF 拆分原则示意图

2. 前后端分离原则

前后端分离原则如图 1-9 所示,简单来讲就是前端和后端的代码在技术上做分离。除了开发时的前后端分离,实际应用中推荐的模式是直接采用物理分离的方式部署,进一步进行更彻底的分离。不要继续以前的服务端模板技术,比如,JSP 把 Java JS HTML CSS 都放在一个页面中,这样稍复杂的页面就很难维护。这种分离模式的方式有以下几个好处:

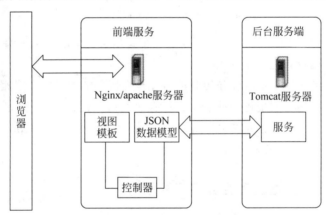

图 1-9　前后端分离原则示意图

(1) 有助于前后端的独立优化。可以由各自的专家来对各自的领域进行优化,这样前端的用户体验优化效果会更好。

(2) 开发模式更加明确,可维护性更高。在分离模式下,前后端交互界面更加清晰,工程主要呈现的内容只有接口和模型,后端的接口简洁明了,更容易维护。

(3) 多场景兼容性更好。前端多渠道集成场景更容易实现,后端服务无须根据前端的需求变化而随意变更,这种统一的数据和模型,可以灵活地支撑多场景下前端的 Web UI 和移动 App 等访问。

3. 无状态服务原则

首先说一下什么是状态。如果一个数据需要被多个服务共享,才能完成一笔交易,那么这个数据被称为状态数据。进而依赖这个“状态”数据的服务被称为有状态服务,反之称为无状态服务。无状态服务的概念示意如图 1-10 所示,其中包括了无状态业务计算服务和有状态数据服务。无状态业务计算服务不依赖任何其他公用数据,而状态数据服务中的分布式缓存之间则存在数据关联。

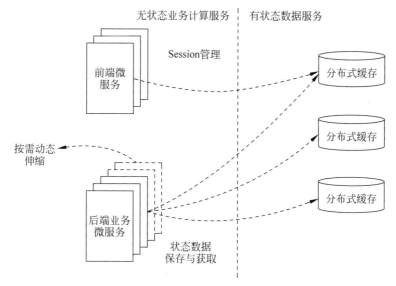

图 1-10　无状态服务的概念示意

无状态服务原则并不是说在微服务架构里就不允许存在状态,该原则表达的真实意思是要把有状态的业务服务改变为无状态的计算类服务,那么状态数据也就相应地迁移到对应的"有状态数据服务"中。

有状态服务和无状态服务的区别如表 1-3 所示。

表 1-3　不同状态服务的区别

有状态服务	无状态服务
• 服务本身依赖或者存在局部的状态数据,这些数据需要自身持久化或者可以通过其他节点恢复 • 一个请求只能被某个节点(或者同等状态下的节点)处理 • 存储状态数据,实例的拓展需要整个系统参与状态的迁移 • 在一个封闭的系统中,存在多个数据闭环,需要考虑这些闭环的数据一致性问题 • 通常存在于分布式架构中	• 服务不依赖自身的状态,实例的状态数据可以维护在内存中 • 任何一个请求都可以被任意一个实例处理 • 不存储状态数据,实例可以水平拓展,通过负载均衡将请求分发到各个节点 • 在一个封闭的系统中,只存在一个数据闭环 • 通常存在于单体架构的集群中

因此,在图 1-10 中,需要考虑在本地内存中建立的数据缓存、Session 缓存,到微服务架构中就应该把这些数据迁移到分布式缓存中存储,让业务服务变成一个无状态的计算节点。迁移后,就可以做到按需动态伸缩,微服务应用在运行时动态增删节点,因此不再需要考虑缓存数据如何同步的问题。

对应无状态服务中的数据交互,微服务还存在"无状态通信原则"。本书中采用的技术架构主要是 RESTful 通信风格,其原理如图 1-11 所示,相对于传统的 RPC 框架,它有如下好处:

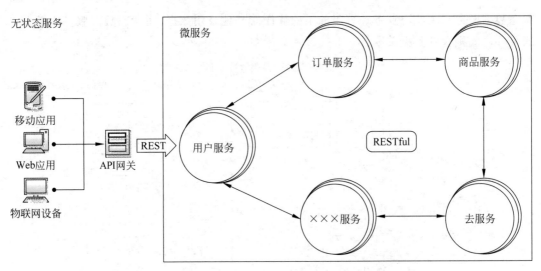

图 1-11　基于 REST 风格的无状态通信示意

（1）采用无状态协议 HTTP，具备先天优势，扩展能力很强。例如，需要安全加密时，有现成的成熟方案 HTTP 可用。

（2）采用 JSON 报文序列化，轻量简单，人与机器均可读，学习成本低，搜索引擎友好。

（3）与语言无关，更加通用。各大热门语言都提供成熟的 RESTful API 框架，相对其他的 RPC 框架生态更完善。

当然，在有些特殊业务场景下，也需要采用其他的 RPC 框架，如 thrift、avro-rpc、grpc。但绝大多数情况下 RESTful 就足够了。

4. 单一服务原则

服务模块必须切分清楚，遵循高内聚、低耦合的基本要求，一个与其他任何服务的通信必须遵循公开透明的传输协议，并且服务之间的功能界限要经过完善的处理和设计，边界必须清晰明了。密切相关的多个功能要尽量包含在同一个微服务中，不能将多个功能区分明显、相关性不紧密的功能模块放到同一个微服务中，这样可以将服务之间的干扰降至最低。服务应该保持单一的界限上下文，这种界限上下文可以将某一个领域的业务细节，包括该领域特定的模块、实现特定的接口功能封装在一起。这要求架构设计师必须充分了解软件产品的业务属性，才能设计出单一服务性能好的微服务系统。

1.3.3　基于微服务的数据工程应用开发流程

本书中所用到的基于微服务的数据工程开发环境如图 1-12 所示。

（1）团队协作环境。主要基于 DevOps 领域，负责需求分析，团队协作，及质量管理、持续集成和发布等。

（2）个人基础环境。即本书介绍的微服务应用平台，负责支撑微服务应用的设计开发测试、运行期的业务数据处理和应用的管理监控。

（3）IT 基础设施。就是通常所说的各种运行环境支撑，如 IaaS 和 CaaS 等实现方式。

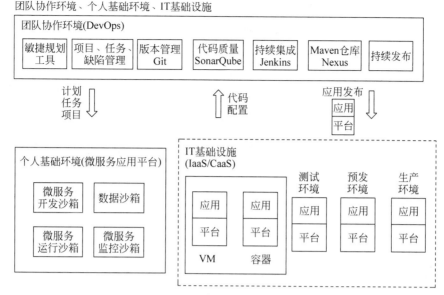

图 1-12　基于微服务的数据工程开发环境

基于微服务的数据工程应用开发全生命周期如图 1-13 所示,包含了信息流和业务流两大周期,其中信息流主要在市场、商业和客户之间循环流转;业务流包含了从工程需求、设计、开发、测试、发布到运营的全过程。

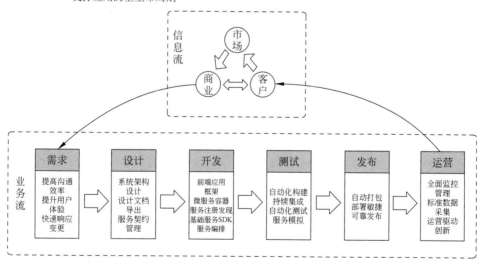

图 1-13　应用开发全生命周期示意图

在运行期,作为一个微服务架构的平台与业务系统,除了业务应用本身外,还需要有接入服务、统一门户、基础服务等平台级服务来保障业务系统的可靠运行。图 1-14 中的公共服务就是业务处理过程中需要用到的一些可选服务。

思考:传统的 B/S 架构在数据工程应用中存在什么问题?微服务的 B/S 架构的优势在哪里?

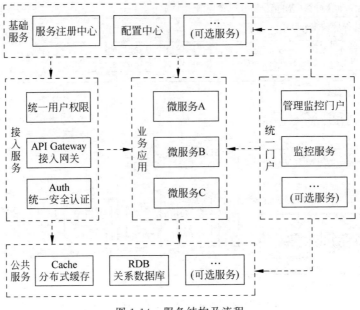

图 1-14　服务结构及流程

## 第2章

基于微服务的数据工程应用开发环境构建

本章详细介绍在 Windows 和 Linux 两个不同操作系统下的微服务数据工程应用开发环境的安装与配置。

2.1 安装与配置 Java 环境

2.1.1 Linux 下 JDK 1.8 环境的安装与配置

1. 下载文件

本书采用的 JDK 环境版本为 1.8,相关代码和环境均在 JDK 1.8 中运行,推荐使用的官方下载地址可扫描二维码获取。

2. 存入服务器系统

将下载的 JDK 环境安装包放入固定的目录中,首先进入目录,在 Linux 终端中输入如下命令:

```
cd /opt/software
```

注:如果 software 文件夹不存在,使用"创建"命令创建文件夹:

```
mkdir -p /opt/software
```

使用 rz 命令将 jdk1.8 文件上传到/opt/software 目录。

注:如果没有 rz 命令,使用"安装"命令完成安装:

```
yum -y install lrzsz
```

3. 解压文件

进入/opt/software 目录,解压文件。以 jdk-8u121-linux-x64.gz 文件为例,输入如下

命令：

```
tar - zxvf jdk - 8u121 - linux - x64.gz
```

运行结果如图 2-1 所示。

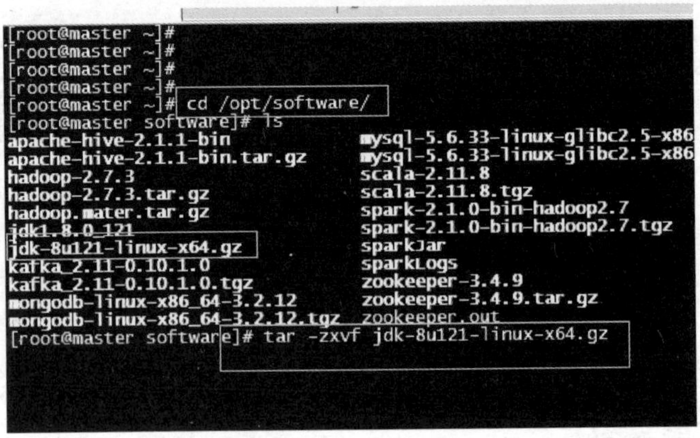

图 2-1　Java 安装程序解压

4. 复制解压文件

将文件复制到固定目录中：

```
cp - p jdk - 8u121 - linux - x64.gz /usr/local/jdk
```

5. 配置 JDK 环境变量

配置 JDK 的运行环境变量，使得系统能够自动识别 JDK 的运行环境。首先使用"修改"命令对 profile 系统配置文件进行修改：

```
vi /etc/profile
```

输入以下内容：

```
# java
export JAVA_HOME = /usr/local/jdk
export CLASSPATH = .: $ JAVA_HOME/jre/lib/rt.jar: $ JAVA_HOME/lib/dt.jar: $ JAVA_HOME/lib/
tools.jar
export PATH = $ PATH: $ JAVA_HOME/bin
```

保存后使用"重新编译"命令对配置文件进行编译：

```
source /etc/profile
```

6. 测试 JDK 是否安装成功

运行以下命令：

```
java - version
```

可以显示 Java 版本,运行结果如图 2-2 所示。

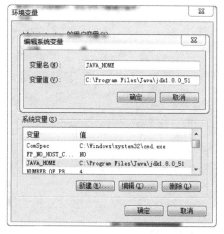

图 2-2　安装成功后截图

再次分别运行命令：

```
java
javac
```

如果有 Java 版本信息输出,则说明已安装成功。

2.1.2　Windows 下 JDK 1.8 环境的安装与配置

1. 下载安装 JDK 1.8

Windows 环境下 JDK 的安装过程相对比较简单,直接下载安装包,双击即可安装,具体不再赘述。

2. 配置环境变量

同样,需要在 Windows 系统下对 Java 的环境变量配置,使得系统能够自动识别运行 Java 运行程序。本书假设 JDK 1.8 安装目录为 C:\Program Files（x86）\Java\,需要按照以下步骤配置环境变量。

（1）配置环境变量新增变量名：JAVA_HOME,添加变量值：C:\Program Files（x86）\Java\jdk1.8.0_51,如图 2-3 所示。

（2）新增变量名 CLASSPATH,添加变量值";％JAVA_HOME％\lib;％JAVA_HOME％\lib\tools.jar",结果如图 2-4 所示。

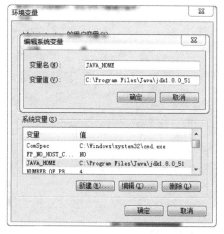 

图 2-3　JAVA_HOME 环境变量配置　　　图 2-4　CLASSPATH 环境变量配置

（3）在"系统变量"中查找变量名 PATH，并在它的变量值后面加上"；%JAVA_HOME%\bin；%JAVA_HOME%\jre\bin；"，运行结果如图 2-5 所示。

图 2-5　PATH 环境变量配置

3. 验证结果

打开 cmd 命令行，输入"java -version"进行验证。如果出现 Java 版本号，则 JDK 配置成功，运行结果如图 2-6 所示。

```
C:\Users\Administrator>java -version
java version "1.8.0_51"
Java(TM) SE Runtime Environment (build 1.8.0_51-b16)
Java HotSpot(TM) 64-Bit Server VM (build 25.51-b03, mixed mode)
```

图 2-6　JDK 安装配置成功验证

2.2　安装与配置 Eclipse

2.2.1　Linux 下 Eclipse 的安装与配置

1. 下载 Eclipse 安装包并解压

Linux 环境下 Eclipse 安装包的下载地址可扫描二维码获取，其下载页面如图 2-7 所示。

其解压与安装界面如图 2-8 所示。

2. 配置环境变量

确认 JDK 环境变量的配置，其配置界面如图 2-9 所示，环境变量的配置需要仔细核对，防止出错。

3. 工作空间选择

双击 Eclipse，会出现 Eclipse 启动界面，然后开始选择工作空间（workspace）。这里建

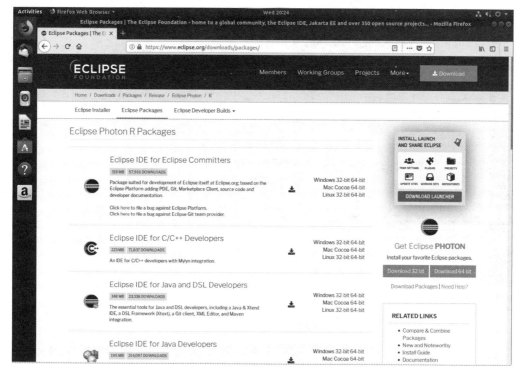

图 2-7　Eclipse 下载页面

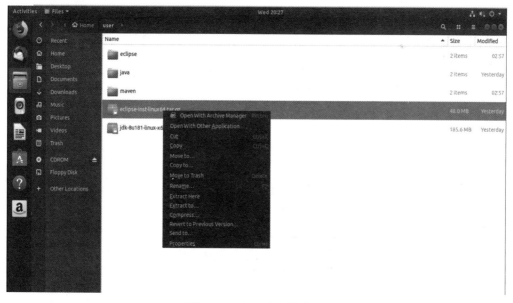

图 2-8　Eclipse 解压与安装

议大家多创建一些工作空间,可以根据实际需要将不同的工程(project)创建在不同的工作空间中,以免日后工作空间中的工程越来越多,影响 Eclipse 的启动速度(当然,对于近期不使用的工程,建议将其关闭:右击工程名称,选择 Close Project,如果需要开启工程,则右击关闭的工程名称选择 Open Project 即可)。

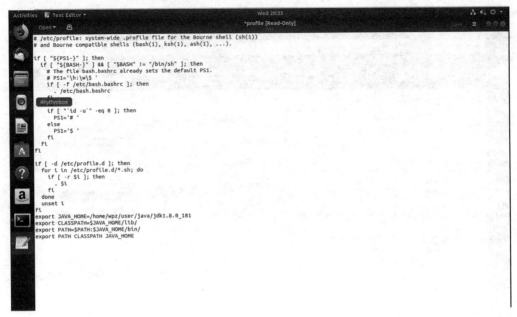

图 2-9　确认 JDK 环境变量的配置

　　切换工作空间可以在启动时进行选择,也可以启动后通过 File→Switch Workspace 命令进行切换。

2.2.2　Windows 下 Eclipse 的安装与配置

1. 下载文件

　　Windows 环境下 Eclipse 安装包的下载地址可扫描二维码获取,下载 Eclipse 安装包并解压。下载解压后文件目录如图 2-10 所示。

名称	修改日期	类型	大小
configuration	2016/2/18 3:43	文件夹	
dropins	2016/2/18 3:43	文件夹	
features	2016/2/18 3:43	文件夹	
p2	2016/2/18 3:43	文件夹	
plugins	2016/2/18 3:43	文件夹	
readme	2016/2/18 3:43	文件夹	
.eclipseproduct	2016/2/3 10:08	ECLIPSEPRODUC...	1 KB
artifacts.xml	2016/2/18 3:43	XML 文档	271 KB
eclipse.exe	2016/2/18 3:46	应用程序	313 KB
eclipse.ini	2016/2/18 3:43	配置设置	1 KB
eclipsec.exe	2016/2/18 3:46	应用程序	25 KB

图 2-10　Eclipse 解压

2. 启动配置

　　双击 eclipse.exe 启动 Eclipse,然后选择工作空间,如图 2-11 所示。

3. Eclipse 的基本配置

　　(1) 在默认情况下,Eclipse 会自动关联环境变量中配置的 JDK,如果安装了多个版本

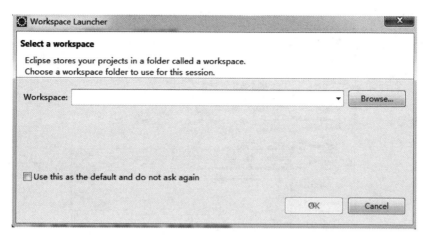

图 2-11　Eclipse 选择工作空间

的 JDK，则可以手动进行配置，选择 Window→Preferences→Java→Installed JREs→Add→
Standard VM 选项，单击 Next 按钮，在弹出的对话框中选择 JDK 安装目录，配置界面如
图 2-12 所示。

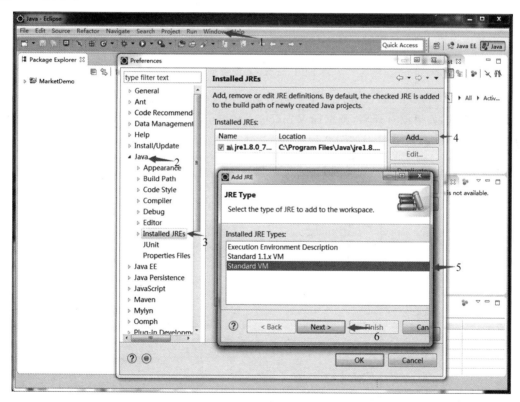

图 2-12　Eclipse 基本配置步骤

（2）若需要进行 Tomcat 的配置，则选择 Window→Preferences→Server→Runtime
Environments→Add→Apache Tomcat v8.0 选项，选择 Tomcat 的目录，在 JRE 中选择步
骤（1）中配置的 JDK 即可，配置界面如图 2-13 所示。

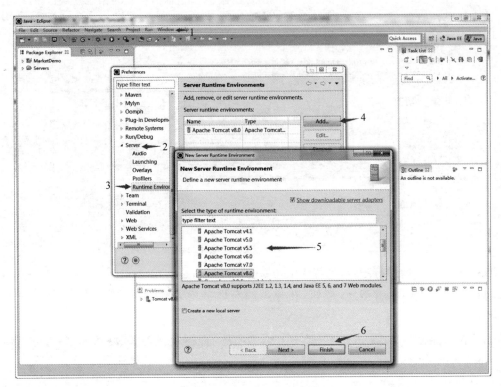

图 2-13　Tomcat 配置步骤

配置完成,可以在 Servers 视图中进行验证。Servers 视图在 JavaEE 预设视图的下方是默认开启的,如果没有开启,则选择 Window→Show View→Other→Servers 选项即可打开 Servers 视图,其配置过程如图 2-14 所示。

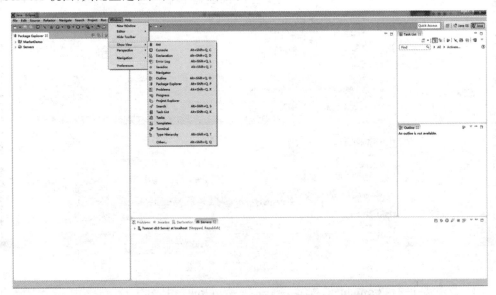

图 2-14　在 Servers 视图配置 Tomcat

在 Servers 视图中右击,在 New→Server 中选择 Tomcat vX.0 Server,如果在 Server runtime environment 中看到 Apache Tomcat vX.0,则说明配置成功。

2.3　安装与配置 Maven

2.3.1　Linux 下 Maven 的安装与配置

1. 下载并解压 Maven 安装包

在 Linux 环境中,Maven 安装包的下载地址可扫描二维码获取。

2. 配置环境变量

Maven 安装包解压后,需要配置 MAVEN_HOME,PATH 环境变量。打开命令行,输入 gedit/etc/profile,按回车键,进行编辑,编辑过程中需确保 Maven 的路径是正确的。其配置过程如图 2-15 所示。

图 2-15　在 profile 文件配置环境变量

编辑完成之后,进行保存。在命令行中输入 gedit/etc/profile,确保配置变量成功,然后再次在命令行中输入"mvn -v",检测是否配置完成,并可以启用。如图 2-16 所示,表示配置成功。

3. Maven 与 Eclipse 的集成

打开 Eclipse,通过 Window → Preferences → Maven → Installations → Add 选项选择 Maven 的安装路径,单击 Finish 按钮,将 Maven 与 Eclipse 关联起来。其配置界面如图 2-17 所

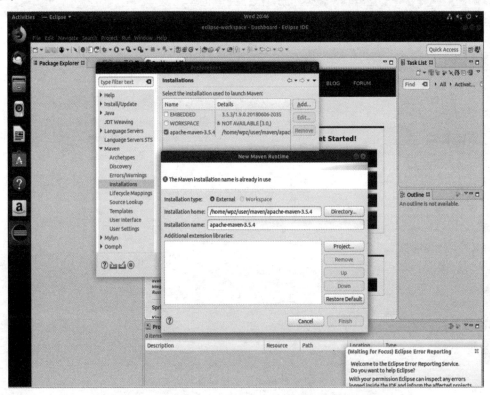

图 2-16　输入命令"mvn -v"进行配置检测

示。随后修改 Maven 中的 Mirrors 标签,链接到国内的仓库中。其配置过程如图 2-18
所示。

图 2-17　Maven 和 Eclipse 关联步骤

2.3.2　Windows 下 Maven 的安装与配置

1. 下载并解压 Maven 安装包

在 Windows 环境中,Maven 安装包的下载地址可扫描二维码获取。

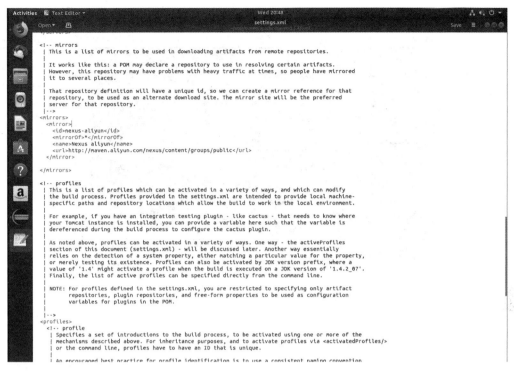

图 2-18　编辑 Mirrors 标签的仓库路径

2. 配置环境变量

解压完 Maven 后，需要在"环境变量"对话框配置 M2_HOME、Path 等环境变量。具体
步骤如下：右击计算机，在弹出的对话框中选择"系统属性"->"高级系统设置"->"环境变
量"->"编辑系统变量"。配置环境变量时要注意变量名是否重复，路径是否正确。其环境变
量配置过程如图 2-19 和图 2-20 所示。

图 2-19　编辑 M2_HOME 变量值

图 2-20　编辑 Path 变量值

配置完成之后,可通过 DOS 命令验证是否安装成功。其命令验证过程如图 2-21 所示。

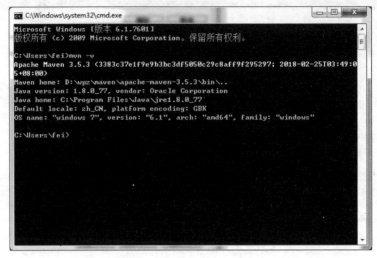

图 2-21　输入 DOS 命令进行验证

此时,Maven 已经安装成功。

3. Maven 与 Eclipse 的集成

首先,打开 Eclipse 的主面板,可以通过选择 Window → Preferences → Maven → Installations→add 选项选择 Maven 的安装路径,单击 Apply 按钮,将 Maven 与 Eclipse 关联起来。其关联步骤如图 2-22 所示。

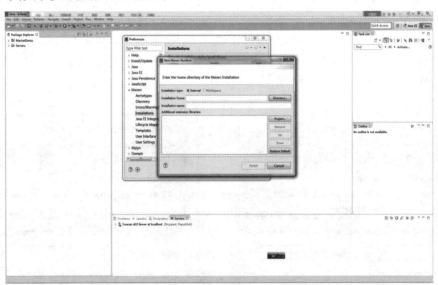

图 2-22　Maven 和 Eclipse 关联

其次,修改配置文件,找到 Maven 的解压目录,之后进入 conf 文件夹,编辑 settings. xml,在 Settings. xml 配置文件中找到注释掉的 localRespository 标签,此标签的目的是配置本地的 Maven 仓库,< localRepository > D:\wpz\maven\apache-maven-3.5.3\conf\mvn \mvnrepository </localRepository >,即把本地仓库设置为本地目录,然后保存即可。其仓

库路径如图 2-23 所示。

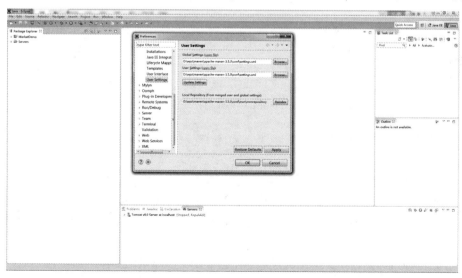

图 2-23　编辑 Settings.xml 的仓库路径

最后，在 Eclipse 中选择 Window→Preferences→Maven→User Settings 选项，将配置文件修改为刚才的配置文件，修改完成之后，则与 Eclipse 的集成完成。其配置界面如图 2-24 所示。

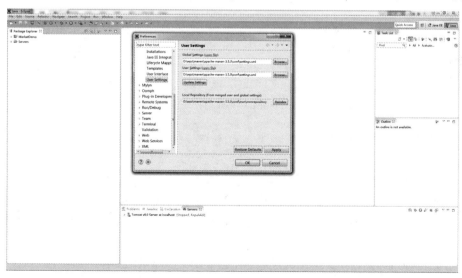

图 2-24　User Settings 集成配置页面

需要特别说明的是,由于 Maven 的仓库源地址是在国外,有时候由于网络带宽限制的原因,编译速度会变得很慢。因此建议对 Maven 仓库的源地址进行更换,更换到国内比较稳定的 Maven 源服务地址。

2.4 安装与配置 Spring Boot

由于 Linux 版本的 Eclipse 与 Windows 版的 Eclipse 安装与配置 Spring Boot 是同样的步骤,所以在此合并介绍。下面以 Linux 版本的 Eclipse 为例进行介绍。

1. 下载 Spring Boot 插件

打开 Eclipse 主面板,选择 Help→Eclipse Market Place→Popular→Spring Tools 选项,单击 Install Now 按钮进行安装,完成安装后需要进行重启。其在线安装界面如图 2-25 所示。

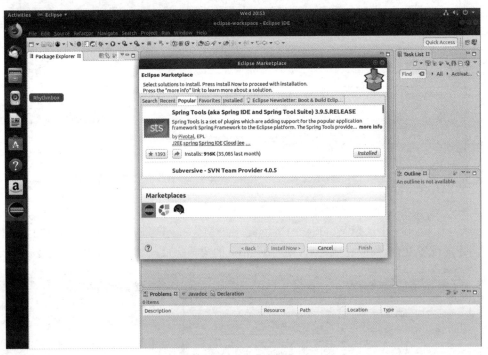

图 2-25 Spring Boot 插件在线安装

2. 创建 Spring Boot 工程

打开 Eclipse 主面板,选择 File→New→Other→Spring Boot→Spring Starter Project 选项,创建新的工程。其创建项目过程如图 2-26～图 2-28 所示。

配置 pom.xml,添加相应的依赖。其配置过程如图 2-29 所示。

之后添加一个 Controller,运行 DemoApplication(作为 Java Application),其运行环境如图 2-30 所示。

运行成功,简单的"Hello World!"项目创建成功,如图 2-31 所示。

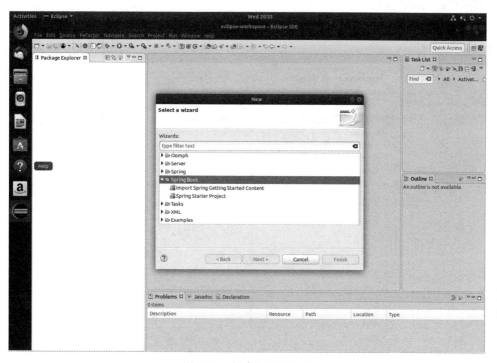

图 2-26　创建新工程(一)

图 2-27　创建新工程(二)

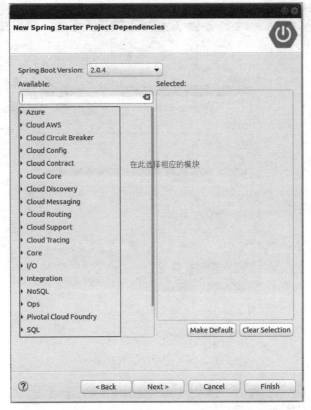

图 2-28　选择相应的模块资源

图 2-29　添加相应的依赖

图 2-30　创建运行环境

图 2-31　工程创建成功

2.5　安装与配置 Spring Cloud

同样,Spring Cloud 在 Windows 和 Linux 下的安装与配置基本相同,主要依赖于 2.3 节介绍的 Maven 进行。因此,本节介绍 Windows 下 Spring Cloud 的安装与配置。

在安装和配置 Spring Cloud 之前,需要注意的问题是 Spring Cloud 和 Spring Boot 之

间有严格的版本对应关系,它们之间的兼容性如表 2-1 所示。在安装的时候务必需要注意。

表 2-1　Spring Cloud 和 Spring Boot 的兼容性

Spring Boot	Spring Cloud
Spring Boot 2.0.X 系列版本	只兼容 Finchley
Spring Boot 1.5.X 系列版本	只兼容 Dalston、Edgware、Camden
Spring Boot 1.4.X 系列版本	只兼容 Camden、Brixton
Spring Boot 1.3.X 系列版本	只兼容 Brixton
Spring Boot 1.2.X 系列版本	只兼容 Angle

Spring Cloud 的基础单元是 Spring Boot,Spring Cloud 由多个不同角色以及对这些角色的应用管理、配置共同组成。每一个 Spring Cloud 的角色都可以根据自身的不同配置来完成角色定位,包括服务管理者(Eureka Server)、服务提供者(Eureka Client)、服务消费者(Http Client、Ribbon、Feign)等,这里对几个典型角色的配置进行解释。

2.5.1　Eureka Server 配置

以 Maven 为例,在新创建的 Spring Boot 程序中添加如下引用:

```
< dependency >
< groupId > org. springframework. cloud </groupId >
< artifactId > spring - cloud - starter - eureka - server </artifactId >
</dependency >
```

在启动类加上@EnableEurekaServer 注解,这样就可以构建 Eureka Server 的应用了。

```
@SpringBootApplication
@EnableEurekaServer
public class EurekaServerApplication {
  public static void main(String[] args) {
      SpringApplication. run(EurekaServerApplication.class, args);
  }
}
```

Eureka Server 的常用配置参数在 application. properties 文件中修改,添加配置如下所示:

```
//服务端口
server. port = 8761
//应用名称
spring. application. name = eureka - server
//实例名称
eureka. instance. hostname = localhost
//是否向注册中心注册自己
eureka. client. register - with - eureka = false
//是否需要检索服务
eureka. client. fetch - registry = false
//eureka 注册中心请求地址
```

```
eureka. client. serviceUrl. defaultZone = http:// $ {eureka. instance. hostname}: $ {server.
port}/eureka/
//关闭 eureka 自我保护
eureka. server. enable - self - preservation = false
//eureka 服务清理间隔(单位毫秒)
eureka. server. eviction - interval - timer - in - ms = 4000
```

2.5.2　Eureka Client 配置

以 Maven 为例,在新创建的 Spring Boot 程序中添加如下引用:

```
< dependency >
    < groupId > org. springframework. cloud </groupId >
    < artifactId > spring - cloud - starter - eureka - client </artifactId >
</dependency >
```

在启动类加上 @ EnableDiscoveryClient 注解,这样就可以构建 Eureka Client 的应用了。

```
@SpringBootApplication
@EnableDiscoveryClient
public class EurekaClientApplication {
  public static void main(String[ ] args) {
    SpringApplication. run(EurekaClientApplication. class, args);
  }
}
```

2.5.3　Feign 配置

(1) Ribbon 配置如下:

```
< dependency >
    < groupId > org. springframework. cloud </groupId >
    < artifactId > spring - cloud - starter - netflix - ribbon </artifactId >
</dependency >
```

(2) Feign 配置如下:

```
< dependency >
      < groupId > org. springframework. cloud </groupId >
      < artifactId > spring - cloud - starter - feign </artifactId >
</dependency >

@SpringBootApplication
@EnableDiscoveryClient
@EnableFeignClients
public class FeignApplication {
  public static void main(String[ ] args) {
```

```
        SpringApplication.run(FeignApplication.class, args);
    }
}
```

(3) Http Client 配置如下：

```
< dependency >
    < groupId > org. apache. httpcomponets </groupId >
    < artifactId > httpasyncclient </artifactId >
</dependency >
< dependency >
    < groupId > org. apache. httpcomponets </groupId >
    < artifactId > httpclient </artifactId >
</dependency >
< dependency >
    < groupId > org. apache. httpcomponets </groupId >
    < artifactId > httpcore </artifactId >
</dependency >
```

## 第3章

基于微服务的数据工程应用服务运行与跟踪

本章重点介绍如何在 Spring Cloud 框架中对基于微服务的数据工程应用服务进行运行与跟踪,包括微服务启动与运行、微服务负载均衡、微服务保护以及服务跟踪。微服务启动与运行部分首先介绍微服务应用如何进行服务拆分,从而提高后期服务运行效率,然后介绍微服务部分的注册与发现机制和流程,最后阐述微服务启动后如何以服务消费的形式让用户使用服务。微服务负载均衡部分主要介绍了 Ribbon 和 Feign 两种微服务的负载均衡框架,使服务的运行效率更高;同时,为了确保微服务在运行过程中的可靠性和可用性,需要采取一定的保护机制。本章也阐述了采用服务熔断和自动扩展的微服务应用保护机制;介绍了如何采用 Sleuth、Zipkin 和 ELK 组件进行微服务应用跟踪,实时跟踪微服务应用的运行状态,监控服务运行时的负载、链路等是否存在异常信息,提升服务运行质量。

3.1 微服务启动与运行

3.1.1 服务拆分

传统的单体应用首先要经过服务拆分,将一个大型的数据工程应用系统分割成若干松耦合的微服务应用。服务拆分是微服务设计者必须慎重考虑的问题,服务拆分的优劣直接影响到后续服务治理过程的效果。首先我们应该知道一个概念——服务拆分是对系统而言,是通过某个维度(一般是系统高可用)去尽量做到服务责任单一的划分。比如,某数据综合维管系统有数据采集、数据维护、数据浏览展现、用户管理、权限管理等模块,对于大型数据的综合维护管理来说,读多写少,这个时候可以做成一个微服务。

关于微服务的拆分方法,目前主要分为两种:一种是横向拆分,另一种是纵向拆分。

1. 微服务横向拆分

横向拆分是指从业务功能的角度,对单体应用从横向业务分工进行服务拆分。每个相对独立的业务功能或者每几个相互关联紧密的业务功能组成一个微服务。

如图 3-1 所示,以作战数据综合维护管理系统为例,微服务横向拆分可以分为数据采集、数据存储、数据展示、数据查询、用户权限管理等多个微服务。

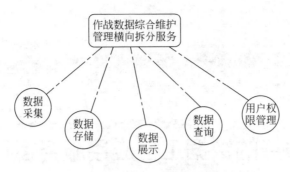

图 3-1　作战数据综合维护管理横向拆分服务

　　横向拆分是微服务治理中比较常用的一种拆分方法。横向拆分过程中需要提到的一种方法为领域驱动设计(Domain-Driven Design,DDD)方法。如图 3-2 所示,以天气预报系统为例,领域驱动设计方法包括如下步骤:

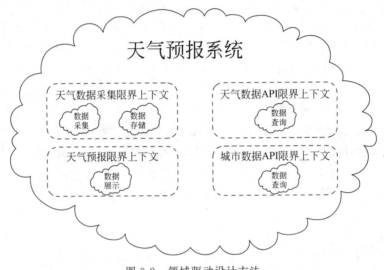

图 3-2　领域驱动设计方法

　　(1) 根据需求建立初步的领域模型,识别明显的领域概念和之间的关联(1∶1、1∶n 的关系),用文字精确、没有歧义地描述出每个领域概念的含义。

　　(2) 分析主要的软件功能,识别主要的应用层的类,这样有助于及早发现哪些是应用层的职责,哪些是领域层的职责。

　　(3) 进一步分析领域模型,识别出实体、值对象、领域服务。

　　(4) 分析关联,通过对业务的深入分析和软件设计原则及性能方面的权衡,明确关联的方向,去掉一些不需要的关联。

　　(5) 找出聚合边界及聚合根,在分析过程中会出现难以清洗判断的选择问题,这就依赖平时分析经验的积累了。

　　(6) 为聚合根配置仓储,一般情况下为一个聚合分配一个仓储,此时设计好仓储的接口即可。

　　(7) 遍历所有场景,确定设计的领域模型能有效解决业务需求。

　　(8) 考虑如何创建实体和值对象,是通过工厂还是构造函数。

（9）重构模型，寻找模型中有疑问或蹩脚的地方，比如思考聚合的设计是否正确，模型的性能等问题。

2. 微服务纵向拆分

相对于横向拆分而言，自然存在服务的纵向拆分。服务的纵向拆分是针对某一个应用的业务功能模块，从不同的功能层级进行拆分，比如把公共组件拆分成独立的公共基础设施下降到底层，形成一个相对独立的基础设施层。纵向拆分服务如图 3-3 所示。

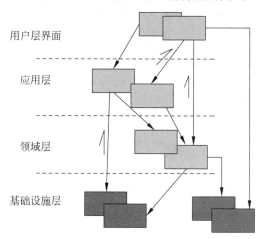

图 3-3　纵向拆分服务

另外，在对微服务进行拆分的过程中需要注意的问题可从如下案例中体会。首先，我们来看一个案例。团队 A 考虑到功能的复用性而开发了一个"数据迁移"，其中包括"同构迁移"功能。此时，团队 B 并不知情也开发了一个类似的"同构迁移"。而团队 C 也有这个需求，它知道团队 A 有这个"同构迁移"，希望可以复用，但是由于这个"同构迁移"在设计的时候更多地考虑了团队 A 的当前业务，没有很好的复用性，例如，不支持"迁移可视化"功能，团队 A 由于当前其他项目的进度原因无法马上提供支持，团队 C 评估后决定花一周时间自己开发一个满足业务需求的"同构迁移"。此时，各个项目团队各自维护了一个"同构迁移"。

再看一个案例。假设一个 OA 系统拥有"用户管理""文件管理""公告管理""政策管理""公文管理""任务管理""审批管理"等功能，按照微服务架构思想可以围绕业务模块进行拆分，但是事实上这个 OA 系统的最终用户只有 30 多人，这时使用微服务架构就有点大材小用了。

在第一个案例中，由于团队之间的职责与边界导致了服务的复用存在局限性，甚至造成各自为战的局面，这种情况一般需要在公司层面进行规划和统筹。在第二个案例中，由于用户量不大，系统也不复杂，使用微服务反而带来了不必要的设计和运维难度，同时也带来了一些技术的复杂度。此外，微服务拆分还需要考虑服务依赖、链式调用、数据一致性、分布式事务等问题。

数据工程应用的拆分粒度应该保证微服务具有业务的独立性和完整性，服务的拆分围绕业务模块进行，但这是一种理想状态下的拆分方法。换句话说，这要求设计者在架构设计之初就假定可以掌握一切。然而,实际情况往往不那么理想。不同的服务可能由不同的团队开发与维护,在实际场景中,微服务的便利性更多体现在团队内部能够产生闭环,易于开发与维护,便于沟通与协作,但是对于外部团队,则难以达到非常清晰的业务拆分,需要团队之间不停地交互,因此存在很大的沟通成本与协作成本。

　　总的来说,服务的拆分是需要技巧的,要围绕业务模块进行拆分,拆分粒度应该保证微服务具有业务的独立性与完整性,尽可能减少存在服务依赖及链式调用。但是,在实际开发过程中,有时单体架构更加适合当前的项目。微服务的设计并不是一蹴而就的,它是一个设计与反馈不断迭代的过程。因此,我们在设计之初可以将服务的粒度设计得大一些,并考虑其可扩展性,随着业务的发展,再进行动态拆分也是一个不错的选择。

3.1.2　服务注册与发现

　　服务注册与发现主要目的是能够让其他使用方能够按照一定的规则发现并进行使用自身的微服务。在互联网上,最常用的服务发现机制是通过 URL 进行发现,例如,扫描上方二维码得到的地址,通过这个地址就能标识互联网的服务地址进行服务发现。然而这种基于"IP+端口+名称"的方式适用在互联网上进行服务发现,因为其必须依赖某一个 IP、服务地址复杂,并不适用微服务架构。在微服务的设计和开发过程中,服务之间需要进行相互调用,因此必须采用合理的服务注册和发现的机制与方法,使得微服务之间能够方便快速地对自身依赖的其他服务进行调用。

　　这里详细介绍在 Spring Cloud 中采用的服务注册与发现组件 Eureka,以此来说明如何在微服务中进行服务注册与发现。

　　Spring Cloud Netflix 项目是 Spring Cloud 的子项目之一,基于 REST 服务,主要用于服务注册与服务发现。其主要内容是对 Netflix 公司的一系列开源产品的包装,并为 Spring Boot 应用提供自配置的 Netflix OSS 整合。通过一些简单的注解,开发者可以快速地在应用中配置一些常用模块并构建庞大的分布式系统。它主要提供的模块包括服务发现(Eureka)、断路器(Hystrix)、智能路由(Zuul)、客户端负载均衡(Ribbon)等。

　　从图 3-4 中可以看出,Eureka 有两个角色:服务端角色(Eureka Server)和客户端角色(Eureka Client)。其中,Eureka Server 是 Eureka 服务注册中心,服务都注册在 Eureka Sever 端。同时,Eureka Sever 也可以是服务的提供者(Applicaton Service)或者服务的消费者(Application Client),当 Eureka Sever 作为消费者时,被称为 Eureka Client。

　　对于存在一个 Eureka 集群的区域,每个区域至少有一个 Eureka Server 可以处理区域故障,以避免服务器瘫痪。Eureka Client 向 Eureka Server 注册,并将自己的一些客户端信息发送给 Eureka Server。然后,Eureka Client(Application Service)通过向 Eureka Serve 发送心跳(每 30 秒发送一次)来续约服务。

　　如果客户端不能获得续约服务,在大约 90 秒后,此客户端将会从服务器注册表中被删除。注册信息和续订信息将被复制到集群中的所有 Eureka Server 节点。

　　来自任何区域的 Eureka Client(Application Client)都可以查找注册表信息(每 30 秒发送一次)。根据这些注册表信息,Application Client 可以远程调用 Applicaton Service 来消费服务。

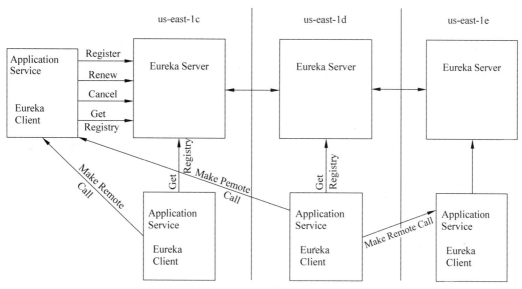

图 3-4　Spring Cloud 服务注册与发现示意图

下面详细介绍一个 Eureka 项目的构建过程：

（1）构建一个名为 microservice-spring-cloud 项目，里面引入服务提供者 EUREKA-SERVER 和服务消费者 EUREKA-CLIENT 项目。

（2）在 microservice-spring-cloud 项目中创建服务注册与发现项目 EUREKA-SERVER，作为 Eureka 的服务端。

（3）在 EUREKA-SERVER 的 pom. xml 文件中引入 eureka-server 依赖。

```
< dependency >
    < groupId > org. springframework. cloud </groupId >
    < artifactId > spring – cloud – starter – eureka – server </artifactId >
</dependency >
<!-- 用户验证依赖 -->
< dependency >
< groupId > org. springframework. boot </groupId >
< artifactId > spring – boot – starter – security </artifactId >
</dependency >
```

（4）在 EUREKA-SERVER 的 application. properties 文件中设置相关参数。

```
server. port = 8761
# 配置安全验证,用户名及密码
security. basic. enabled = true
security. user. name = user
security. user. password = password
# Eureka 只作为服务端,所以不用向自身注册
eureka. client. register – with – eureka = false
eureka. client. fetch – registry = false
# 对 Eureka 服务的身份验证
eureka. client. serviceUrl. defaultZone = http://user: password@localhost: 8761/eureka
```

（5）注册 Eureka Server。

```
import org.springframework.boot.SpringApplication;
import
org.springframework.boot.autoconfigure.SpringBootApplication;
import
org.springframework.cloud.netflix.eureka.server.EnableEurekaServer;
@SpringBootApplication
@EnableEurekaServer
public class EurekaApplication {
  public static void main( String[] args )
  {
    SpringApplication.run(EurekaApplication.class, args);
  }
}
```

（6）在 microservice-provider-user 的 pom.xml 文件中引入依赖。

```
< dependency >
    groupId > org.springframework.cloud </groupId >
     < artifactId > spring - cloud - starter - eureka </artifactId >
    </dependency >
     <!-- 监控和管理生产环境的依赖 -->
    < dependency >
       < groupId > org.springframework.boot </groupId >
       < artifactId > spring - boot - starter - actuator </artifactId >
    </dependency >
```

（7）在 EUREKA-CLIENT 的 application.properties 文件中进行服务注册配置。

```
#设置应用的名称
spring.application.name = eureka - client
#服务注册的 Eureka Server 地址
eureka.client.serviceUrl.defaultZone = http://user: password@localhost: 8761/eureka
#设置注册 ip
eureka.instance.prefer - ip - address = true
#自定义应用实例 id
eureka.instance.instanceId = ${spring.application.name}: ${spring.application.instance_
id: ${server.port}}
#健康检查
eureka.client.healthcheck.enabled = true
```

（8）在 EUREKA-SERVER 中使用 Eureka Client。

```
//Eureka 客户端
   @Autowired
   private EurekaClient eurekaClient;
//服务发现客户端
   @Autowired
   private DiscoveryClient discoveryClient;
//获得 Eureka instance 的信息,传入 Application NAME
```

```
    @GetMapping("eureka - instance")
    public String serviceUrl(){
        InstanceInfo instance = this.eurekaClient.getNextServerFromEureka("EUREKA - SERVER",
false);
        return instance.getHomePageUrl();
    }
//本地服务实例信息
    @GetMapping("instance - info")
    public ServiceInstance showInfo(){
        ServiceInstance localServiceInstance = this.discoveryClient.getLocalServiceInstance
();
        return localServiceInstance;
    }
```

（9）运行结果界面如图 3-5 所示。

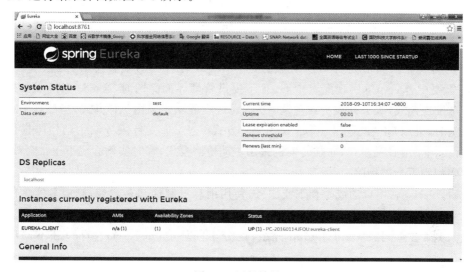

图 3-5　运行结果

除了 Eureka 服务注册与发现，目前比较流行的微服务注册与发现组件还包括 Nacos，二者对比详见表 3-1。

表 3-1　Nacos 和 Eureka 对比

对比项目\注册中心	Spring Cloud Nacos	Spring Cloud Eureka
CAP 模型	支持 AP 和 CP 模型	AP 模型
客户端更新服务信息	使用注册＋DNS-f＋健康检查模式。DNS-F 客户端使用监听模式 push/pull 拉取更新信息	客户端定时轮询服务端获取其他服务 IP 信息并对比，相比之下，服务端压力较大、延迟较大
伸缩性	使用 Raft 选举算法性能、可用性、容错性均比较好，新加入节点无须与所有节点互相广播同步信息	由于使用广播同步信息，集群超过 1000 台机器后对 Eureka 集群压力很大
健康检查模式/方式	支持服务端/客户端/关闭检查模式，检查方式有 TCP、HTTP、SQLO，支持自己构建健康检查器	客户端向服务端发送 HTTP 心跳

续表

对比项目\注册中心	Spring Cloud Nacos	Spring Cloud Eureka
负载均衡	支持	支持
手动上下线服务方式	通过控制台页面和 API	通过调用 API
跨中心同步	支持	不支持
k8s 集成	支持	不支持
分组	Nacos 可根据业务和环境进行分组管理	不支持
权重	Nacos 默认提供权重设置功能,调整承载流量压力	不支持
厂商	阿里巴巴	Netflix

Nacos 致力于发现、配置和管理微服务,通过提供一组简单易用的特性集,帮助开发者快速实现动态服务发现、服务配置、服务元数据及流量管理。Nacos 能够帮助开发者更便捷地构建、交付和管理微服务。Nacos 是构建以"服务"为中心的现代应用架构(例如,微服务范式、云原生范式)的服务基础设施。与传统的 Eureka 服务注册不同,Nacos 支持针对某个个体服务进行注册与发现。Nacos 的阈值是针对某个具体服务,而不是针对所有服务的,但 Eureka 的自我保护阈值是针对所有服务的。Nacos 有自己的配置中心,提供管理界面;Eureka 需要配合 config 实现配置中心,且不提供管理界面。同时,Nacos 支持服务列表变更的消息推送模式,服务列表更新更及时。Nacos 集群默认采用 AP 方式,当集群中存在非临时实例时,采用 CP 模式;Eureka 采用 AP 方式。Nacos 支持服务端主动检测提供者状态,临时实例采用心跳模式,非临时实例采用主动检测模式,临时实例心跳不正常会被剔除,非临时实例则不会被剔除。

最后,Nacos 利用自动或手动下线服务,使用消息机制通知客户端,则服务实例的修改很快就会得到响应;Eureka 只能通过任务定时剔除无效的服务。Nacos 可以根据 namespace 命名空间、DataId、Group 分组,区分不同环境(dev、test、prod)和不同项目的配置。

3.1.3 服务消费

在基于微服务开发的数据工程应用中,引入了一个重要概念——服务消费。服务消费是指微服务消费者采用合理的手段使用数据工程微服务应用程序。其中最受关注的几个问题包括服务消费模式、消费者以及负载均衡。

1. 数据工程微服务的消费模式

常见的微服务消费模式有 3 种:服务直连模式、客户端发现模式和服务端发现模式。一般使用 Http Client 进行消费。

(1)服务直连模式。服务直接传递 URL 进行消费,服务消费者就可以通过该地址获取到 URL 中的一些资源。该服务消费模式的优点是:简洁明了、平台语言无关性;缺点是:无法保证服务的可用性,所以在实际的生产环境中较少使用这个模式。

(2)客户端发现模式。该模式由客户端来决定服务实例的选择,当服务实例启动后,将自己的位置信息提交到服务注册表(也被称为服务注册中心),然后客户端从服务注册表进行查询,以获取可用的服务实例,最后客户端自行使用负载均衡算法从多个服务实例中选择其中一个实例使用,客户端发现模式如图 3-6 所示。

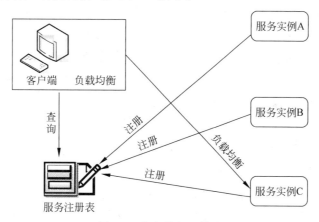

图 3-6 客户端发现模式

(3) 服务端发现模式。服务端发现模式与客户端发现模式的最大区别在于对负载均衡的策略实施方面,服务端发现模式由服务端来对服务进行负载均衡策略。客户端不用关心服务实例的提供者,目前比较成熟的商用服务消费模式都采用该方式。

2. 数据工程微服务的消费者

服务消费者是指在服务发生过程中执行用户服务的计算机程序或者组件。服务消费者一般是部署在客户端,由用户来定义和操作。服务消费者包括 Httpclient 组件、Ribbon 组件和 Feign 组件 3 种。

1) Httpclient

Httpclient 是 Apache Jakarta Common 下的子项目,用于提供高效的、最新的、功能丰富的客户端编程工具包,并且它支持 HTTP 最新的版本和建议。Httpclient 组件可以用于作为一个典型的服务消费者,应用非常广泛,在 Spring Boot 以及 Spring Cloud 诞生之前就已经开始广泛使用了。其通信方式主要基于 HTTP。

HTTP 目前是现在 Internet 上使用最多、最重要的协议了,越来越多的 Java 应用程序需要直接通过 HTTP 来访问网络资源。虽然在 JDK 的 java net 包中已经提供了访问 HTTP 的基本功能,但是对于大部分应用程序来说,JDK 库本身提供的功能还不够丰富和灵活。Httpclient 已经应用在很多的项目中,比如,Apache Jakarta 上很著名的另外两个开源项目 Cactus 和 HTMLUnit 都使用了 Httpclient。到目前为止,Httpclient 的最新版本为 Httpclient5.5(GA)。

2) Ribbon

Ribbon 是 Netflix 公司开源的一个负载均衡项目,它是一个客户端负载均衡器,运行在客户端,是一个典型的客户端负载均衡方式的服务消费者。它是一个经过了云端测试的进程间通信(Inter-Process Communication,IPC)库,可以很好地控制 HTTP 和 TCP 客户端的一些行为。Ribbon 可提供负载均衡、容错功能,支持多协议(HTTP、TCP、UDP),支持异步和反应模型以及缓存和批处理内容。Ribbon 的详细介绍和应用见 3.2 节。

3) Feign

在 Ribbon 客户端负载均衡的基础上,进一步对其进行封装,就组成了更为强大的服务消费者 Feign。Feign 是 Netflix 开发的一个声明式 Web 服务客户端,通过注解声明来构建 Web 服务的客户端。在 Web 服务客户端中,使用 Feign 创建接口并对它进行声明式注解以后,该接口就具有了可插拔性(支持可插拔的编码器与解码器),并支持 JAX-RS 注解。在 Netflix 的基础上,Spring Cloud 也集成了 HTTP 客户端的 Feign。

3.2 微服务负载均衡

3.2.1 Ribbon 负载均衡

Ribbon 是 Netflix 发布的云中间层服务开源项目,已经集成到 Spring Cloud 技术栈中。简言之,Ribbon 是一个客户端负载均衡器,其主要功能是提供客户端负载均衡算法。Ribbon 客户端组件提供一系列完善的配置项,如连接超时、重试等。同时,还可以在配置文件中列出负载均衡后所有的机器,Ribbon 会自动基于某种规则(如简单轮询、随机连接等)去连接这些机器,也很容易使用 Ribbon 实现自定义的负载均衡算法。

以 Amazon ELB 为例,整个 Ribbon 的架构如图 3-7 所示。

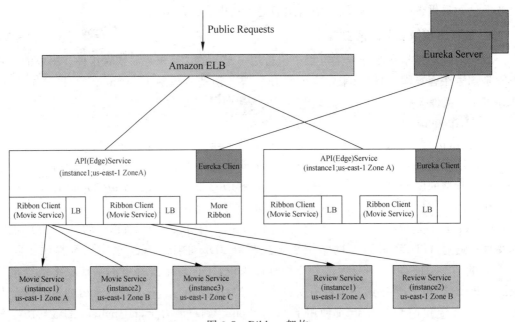

图 3-7 Ribbon 架构

如图 3-8 所示,Ribbon 负载均衡的过程分为两步。

(1) 有限选择 Eureka Server,它优先选择在同一个 Zone 且负载较少的 Server。

(2) 根据用户指定的策略,在从 Server 取到的服务注册列表中选择一个地址。其中 Ribbon 提供了多重策略,例如,轮询(Round robin)、随机(Random)、根据响应时间加权等

Ribbon 客户端组件提供一系列完善的配置选项,比如连接超时、重试算法等。Ribbon 内置可插拔、可定制的负载均衡组件。Ribbon 常用的负载均衡策略包括简单轮询负载均衡、加权响应时间负载均衡、区域感知轮询负载均衡和随机负载均衡。

Ribbon 还包括以下功能:

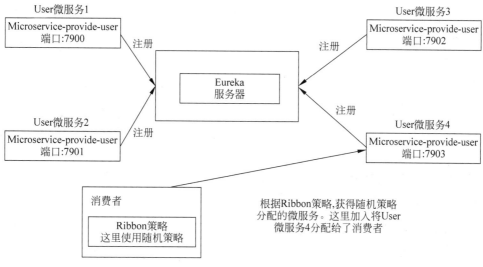

图 3-8　Ribbon 负载均衡过程

（1）易于与服务发现组件（比如 Netflix 的 Eureka）集成；

（2）使用 Archaius 完成运行时配置；

（3）使用 JMX 暴露运维指标，使用 Server 发布；

（4）多种可插拔的序列化选择；

（5）异步和批处理操作；

（6）自动 SLA 框架；

（7）系统管理/指标控制台。

3.2.2　Feign 应用负载均衡

Ribbon 是一个基于 HTTP 和 TCP 客户端的负载均衡工具，它可以在客户端配置服务端列表，并基于 Http Client 服务消费者请求的方式工作，过程比较复杂。为了进一步简化负载均衡的策略注入方式，在 Ribbon 基础上，对 HTTP 客户端进行了改进——采用接口的方式，添加注解，将需要调用的其他服务方法定义成抽象方法，省略了自己去构建 HTTP 客户端的复杂过程。

Feign 使得 Java HTTP 客户端编写更方便。Feign 的灵感来源于 Retrofit、JAXRS-2.0和 WebSocket。Feign 最初是为了降低统一绑定 Denominator 到 HTTP API 的复杂度，不区分是否支持 RESTful。

一般使用 Jersey 和 CXF 实现可提供 RESTful 或 SOAP 服务的 Java 客户端。虽然可以直接使用 Apache Http Client 实现客户端，但是 Feign 的目的是尽量减少资源占用和代码来实现和 HTTP API 的连接。通过自定义的编码/解码器，编写任何基于文本的 HTTP API。

使用 Feign 时需要在 pom 文件中添加如下依赖：

```
<!-- https://mvnrepository.com/artifact/com.netflix.feign/feign-core -->
<dependency>
```

```
    <groupId>com.netflix.feign</groupId>
    <artifactId>feign-core</artifactId>
    <version>8.18.0</version>
    <scope>runtime</scope>
</dependency>
```

Feign 通过注解,注入一个模板化请求开始其工作。只需在发送之前关闭模板,参数就可以被直接运用到模板中。Feign 只支持文本形式的 API,在响应请求等方面极大地简化了系统,也十分容易进行单元测试,但这也限制了其性能。

可以使用构造一个拥有自己组件的 API 接口。其构造过程如下所述。

首先在主程序采用@EnableFeignClients 注解。

```
@SpringBootApplication
@EnableDiscoveryClient
@EnableFeignClients
public class Application {
public static void main(String[] args) {
SpringApplication.run(Application.class, args);
}
}
```

然后在服务层构建一个 Feign 接口就可以了,例如:

```
@FeignClient("name-server-eureka")
public interface CityData {
  @GetMapping("/serveraddress")
  String getData();
}
```

上述例子给出了 Feign 服务的构造方式。采用@FeignClient 注解,参数为 Eureka 服务和地址,Feign 会自动根据 Eureka 服务名和地址寻找到该服务,并自动注入到该接口方法中。

Fiegn 的构造完成以后,完全支持 Ribbon 的负载均衡功能,并且使用起来更加方便,由于其采用接口注解的方式模拟 HTTP 客户端,在调用其他微服务 API 时,使用统一的请求模板,包括请求参数、URL 信息等,所以管理维护起来优势明显。

3.3　微服务保护

微服务在开发和运行过程中是需要保护的,保护机制主要包括两种:服务熔断和服务自动扩展。

3.3.1　服务熔断

实际情况中,微服务系统请求数量可能远远大于服务器负载,这种现象称为服务过载。为了避免整个服务器的宕机,必须采用一定的措施使得服务器能够正常进行响应,采用的方法通常是给与用户默认的响应,例如向用户返回默认信息:"服务暂时不可用,请稍后再试。"等到服务器恢复正常或者访问量负载稍微少一点时再给与用户正常响应,这样能够使得系统更加稳定和友好。这就是一个简单的服务熔断机制。

　　熔断机制是应对服务容量过载的一种微服务链路保护机制。我们在很多场景下都会接触到熔断这个词。在高压电路中,如果某个地方的电压过高,熔断器就会熔断,对电路进行保护。在股票交易中,如果股票指数过高,也会采用熔断机制,暂停股票的交易。同样,在微服务架构中,熔断机制也是起类似的作用。当链路的某个微服务不可用或者响应时间太长时,会进行服务降级,进而熔断该节点微服务的调用,快速返回错误的响应信息。当检测到该节点微服务调用响应正常后,恢复调用链路。

　　在 Spring Cloud 框架中,同样提供了服务的熔断机制,其熔断机制原理如图 3-9 所示。

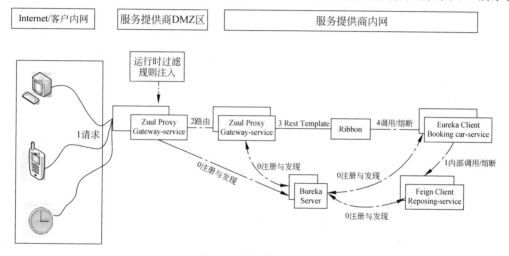

图 3-9　熔断机制示意

下面介绍在 Spring Cloud 中如何使用 Hystrix 实现服务熔断。首先讲解 Hystrix 原理,其原理结构如图 3-10 所示。

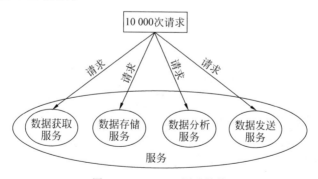

图 3-10　Hystrix 原理结构

　　在没有 Hystrix 之前,假如有 100 个线程可供调用,这时候有 10 000 请求访问是随机的,也就是说,前 100 个请求会去占用线程,后面的要等待。在极端情况下,前面的 100 个请求都是去请求服务 1,并且服务 1 出现故障、卡死或者停滞,就会导致所有线程都无法释放。剩下的 9900 个请求都要排队等待,如果后续还有请求,那么系统将直接崩溃。

Hystrix 是在服务和请求之前增加了一个线程池。用户的请求将不再直接访问服务,而是通过线程池中的空闲线程来访问服务。如果线程池已满,则会进行熔断处理,这样用户的请求不会被阻塞,至少可以看到一个执行结果(例如,返回易于理解的提示信息),而不是无休止地等待或者看到系统崩溃。

Hystrix 为每个依赖调用分配一个小的线程池,如果线程池已满调用将被立即拒绝,默认不排队,减少失败判定时间。线程数是可以被设定的,将 Hystrix 结构加入线程池,如图 3-11 所示。

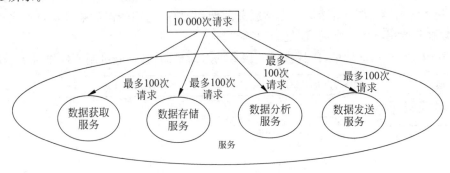

图 3-11　Hystrix 结构加入线程池

在某个服务之前都分配了 25 个线程,这样,当请求进来的时候,不管前面有多少个是请求服务 1 的都不会影响其他服务,如果某个服务的线程已满,那么接下来的请求会被拒绝或是降级。

如果某个目标服务调用慢或者有大量超时,则熔断该服务的调用,对于后续调用请求,不再继续调用目标服务,直接返回,快速释放资源。如果目标服务情况好转,则恢复调用。

下面讲述如何编程实现 Hystrix,首先在 pom 文件中引入如下依赖:

```xml
< dependency >
    < groupId > org. springframework. cloud </groupId >
    < artifactId > spring - cloud - starter - hystrix </artifactId >
</dependency >
```

在服务启动加入如下注解:

```java
@SpringBootApplication
@EnableDiscoveryClient
@EnableCircuitBreaker
public class Application {
public static void main(String[] args) {
SpringApplication.run(Application.class, args);
}
}
```

最后在控制层实现类的配置:

```java
//此处配置控制器访问地址
  @GetMapping("/getdata")
```

```
//配置 Hystrix 断路器默认回调函数,此处配置函数为
  @HystrixCommand(fallbackMethod = "defaultFunction")
  public String getCityData() {
          return citydata.listCity();
  }
//断路器的反馈函数实现
  public String defaultFunction (){
          return "Server is down";
  }
}
```

上述配置完成以后,当服务出现问题时,就会调用默认的 defaultFunction 向用户返回一个默认字符串。

3.3.2　服务自动扩展

在数据工程应用提供大规模服务的时候,为了对服务进行保护,需要考虑服务的自动扩展。服务的自动扩展应用的场景包括当服务器容量或者负载难以达到服务请求者需求的时候,服务器为了能够给用户提供正常的、高可用的服务,必须采取的一种自动扩展策略。服务自动扩展的方式包括服务的垂直扩展、服务水平扩展以及数据库的扩展。

1. 服务的垂直扩展

服务的垂直扩展一般面向传统的单体应用服务形式,即对微服务承载的服务器进行垂直领域的性能扩容。例如,提供单体服务的服务器 CPU 主频偏低、内存偏小,难以对外提供可用的服务时,就会通过服务自身的性能调节来实现服务的垂直扩展。这种扩展方式比较单一,并且由于受到硬件性能的制约,总是存在一个服务容量的上限,即服务不可能随着用户的增加无限制地扩展,在单体应用中使用比较普遍。

2. 服务的水平扩展

考虑到服务垂直扩展的局限性,这里提出了服务的水平扩展概念。服务的水平扩展是通过增加服务器的数量来提高服务性能,随着分布式系统以及微服务概念的提出,服务的水平扩展得到了很好的应用,使得大部分的运维商在考虑服务性能增加的时候首先想到的就是如何对服务进行水平扩展。水平扩展的优势是在不妨碍原来服务的基础上,理论上可以无限制地通过增加服务器的数量来达到服务的扩展,水平扩展还具有使用效率高、高可用和容错能力强等优势。

然而,水平扩展也存在一定的缺陷。首先,水平扩展必须要求系统设计之初就必须考虑到分布式和可扩展性,一个单体应用是不能进行水平扩展的。其次,在服务的水平扩展中,数据库的扩展往往极大地限制了水平扩展的能力。服务水平扩展的性能提升需要充分考虑数据库的扩展。

3. 数据库的扩展

数据库的扩展其实就是使被水平拆分的表中的数据更进一步的分散,而数据的离散规则是由水平拆分的主键设计方案所决定的,存在很大的难度。

数据库的扩展一般采用自序及自增列的方案,主要有两种实现手段:一种是通过设置

不同的起始数和相同的步长来拆分数据的分布；另一种是通过估算每台服务器的存储承载能力，通过设定自增的起始值和最大值来拆分数据，并设置不同的步长，这有利于之后的水平扩展。但是不管采用哪个手段进行水平扩展后，都有一个新问题需要面对，即原有的服务器会有历史数据的负担问题造成的数据分配不均衡。在涉及狭义水平拆分时，数据分配的均衡问题曾被作为水平技术拆分的优点，但是对扩展而言，就需要面对数据分配不均衡问题，数据不均衡会造成系统计算资源利用率低，甚至会影响上层的计算操作，例如，在进行海量数据的排序查询时，因为数据分配不均衡，局部排序的偏差会变得更大。解决这个问题的手段只有一个，那就是对数据根据平衡原则重新分布，这就需要进行大规模的数据迁移。由此可见，如果觉得数据是否分布均衡对业务影响不大，不需要调整数据分布，那么水平扩展还是很有效果的，但是如果业务系统不能容忍数据分布不均衡，那么水平扩展就相当于重新做了一遍水平拆分，这是相当麻烦的。水平扩展最致命的问题是如果一个系统后台数据库要做水平扩展，水平扩展后又要做数据迁移，这个扩展的表还是一个核心业务表，那么方案上线时必然导致数据库停止服务一段时间。

4. 服务的自适应扩展

无论是服务水平扩展还是垂直扩展，扩展的依据都是服务器的容量以及用户的使用情况，数据工程应用应当按照用户的使用情况和服务器的实际情况进行动态的自适应扩展。那么如何去实现服务的自适应扩展呢？下面介绍一种常用的方法。

首先对构建服务注册表。对于典型的微服务架构，实际负载均衡的策略方是客户端，客户端通过负载均衡算法选择服务端，并选择自己应当访问的服务进行访问。实现过程如下：首先构建一个服务注册表，将所有服务实例注册到这个表中，客户端通过对服务注册表的查询来完成服务发现。其构建服务注册表过程如图 3-12 所示。

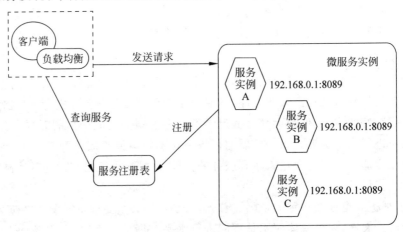

图 3-12　构建服务注册表

其次实现微服务的按需扩展。在这个基础上，将微服务分为使用中和保留两种状态，当客户端需要时，将保留的微服务实例启动到使用中，并在服务注册表中进行注册备份，就实现了微服务的按需扩展了。其微服务按需扩展如图 3-13 所示。

在真实的运行过程中，可以按照多种方式进行自动扩展。第一种方式是根据资源限制来进行扩展：监控器根据服务的运行情况，当 CPU 的使用率达到一定的水平，就开启备用

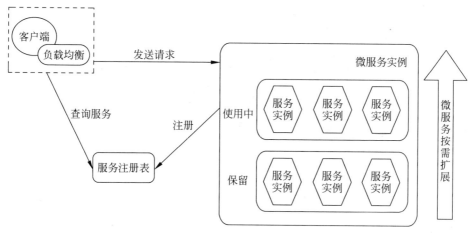

图 3-13　微服务的按需扩展

服务器。根据资源限制进行扩展如图 3-14 所示。

第二种方式是根据特定时间段进行服务扩展。例如,在淘宝应用中,"双十一"活动期间显然是一个需要服务扩展的时间段,因此根据特定的时间来对备用服务进行开启以实现服务的扩展。其根据特定时间段进行服务扩展如图 3-15 所示。

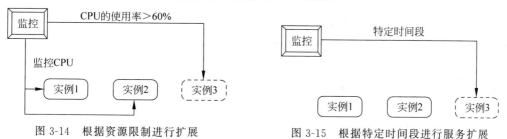

图 3-14　根据资源限制进行扩展　　　　　图 3-15　根据特定时间段进行服务扩展

第三种方式是根据消息队列的长度进行扩展,如图 3-16 所示。

第四种方式是根据业务参数进行扩展。假设接收到某些预先设置的参数消息,就可以进行扩展。根据业务参数进行扩展如图 3-17 所示。

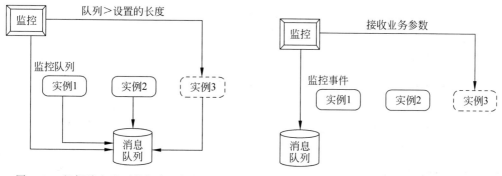

图 3-16　根据消息队列的长度进行扩展　　　图 3-17　根据业务参数进行扩展

第五种方式是根据预测进行扩展,根据历史使用信息、当前的趋势进行预测,分析可能存在的大负载、大量访问、突发流量高峰等情况,并基于此对服务进行扩展。自动扩展面临的挑战和问题如图 3-18 所示。

图 3-18　自动扩展面临的挑战和问题

3.4　微服务跟踪

在基于微服务的数据工程应用系统中,各个服务往往是以分布式的形式部署运行,一个集群中可能有几十个微服务。微服务应用之间相互调用,一个或多个微服务的网络环境问题、硬件问题都可能导致服务提供失败,从而影响整个系统的正常运行。由于服务之间的调用关系非常复杂,一个请求可能需要调用多个服务,某个服务也可能同时调用其他服务,内部服务的调用复杂性决定了问题难以定位。所以在微服务架构中,必须实现分布式链路追踪,去跟进一个请求到底有哪些服务参与,参与的顺序又是怎样的,从而使得每个请求的步骤清晰可见,能够快速定位在分布式环境下服务应用系统的问题所在。通过服务的跟踪与监控,能够快速找出不正常的服务及其提供的服务接口,然后通过查看日志,分析问题产生的原因,解决问题。

举例来说,在微服务系统中,一个来自用户的请求 Q,先达到前端 A,然后通过远程调用,达到系统的中间件 B、C(如负载均衡、网关等),最后达到后端 D、E,后端经过一系列的业务逻辑计算最后将数据返回给前端 A,再返回到用户请求 Q。对于这样一个请求,经历了这么多个服务,一旦服务出现了问题,就需要确定这个链路中到底是哪个环节出问题了,因此需要将它的请求过程的数据记录下来,这就需要用到服务链路跟踪。

下面简单介绍几种服务跟踪的主要框架和技术。

3.4.1　Zipkin 微服务跟踪

Zipkin 是 Twitter 的一个开源项目,基于 Google Dapper 实现。它致力于收集服务的定时数据,以解决微服务架构中的延迟问题,包括数据的收集、存储、查找和展现。开发者可以使用它来收集各个服务器上请求链路的跟踪数据,并通过它提供的 REST API 接口来辅助查询跟踪数据,以实现对分布式系统的监控,从而及时地发现和定位系统中出现的问题。除了提供面向 API 接口之外,它也提供了方便的 UI 组件,帮助开发者直观地搜索跟踪信息和分析请求链路明细,例如,可以查询某段时间内各用户请求的处理时间等。Zipkin 提供了可插拔数据存储方式,包括 In-Memory、MySQL、Cassandra 以及 ElasticSearch 等。

Zipkin 的架构主要包括 4 个核心组件。

(1) Collector:收集器组件,它主要用于处理从外部系统发送过来的跟踪信息,将这些信息转换为 Zipkin 的内部处理格式,以支持后续的存储、分析、展示等功能。

(2) Storage:存储组件,它主要对处理收集器接收到的跟踪信息,默认会将这些信息存储在内存中,也可以修改此存储策略,通过使用其他存储组件将跟踪信息存储到数据库中。

(3) RESTful API:API 组件,它主要用来提供外部访问接口。比如,给客户端展示跟踪信息,或是外接系统访问以实现监控等。

(4) Web UI:UI 组件,基于 API 组件实现的上层应用。通过 UI 组件用户可以方便、直观地查询和分析跟踪信息。

下面讲解 Zipkin 的使用方法。

1. Zipkin 的部署与运行

首先,Zipkin 的部署需要下载相关软件包,下载后可以采用两种方式进行部署。

(1) Docker 方式。Docker 方式的部署方法可在终端中运行以下命令:

```
docker run - d - p 9411:9411 openzipkin/zipkin
```

(2) Jar 包方式(JDK 8)。Jar 包方式的部署方法可在终端中运行以下命令:

```
curl - sSL https://zipkin.io/quickstart.sh | bash - s
java - jar zipkin.jar
```

无论是以 Docker 还是 Jar 包的方式部署运行,Zipkin 都是基于 inMemory 内存存储运行的,也就是说,Zipkin 重启后数据会丢失,因此一般只是在测试环境中使用。

(3) MySQL 方式。除了 inMemory 内存存储,Zipkin 支持的存储类型还有 MySQL、Cassandra 以及 ElasticsSearch 等方式。为了解决重启后的数据丢失问题,一般正式环境中推荐使用 MySQL、Cassandra 和 ElasticSearch 方式。Zipkin 基于 MySQL 存储进行启动时,可以在终端中配置如下信息并启动。

```
STORAGE_TYPE = mysql
MYSQL_DB = zipkin
MYSQL_USER = root
MYSQL_PASS = 123456
MYSQL_HOST = 127.0.0.1
MYSQL_TCP_PORT = 3306
STORAGE_TYPE = mysql
MYSQL_DB = zipkin
MYSQL_USER = root
MYSQL_PASS = '123456'
MYSQL_HOST = '127.0.0.1'
MYSQL_TCP_PORT = 3306
java - jar zipkin.jar > start.logger 2 > &1&
```

启动后,访问 http://127.0.0.1:9411 可以看到效果。

2. Zipkin 与 Dubbo 和 SpringMVC 的集成

搭建好 Zipkin 服务器后,现在的任务就是如何将系统内产生的请求数据传送给 Zipkin 服务器,以便在 UI 上渲染出来。

（1）配置文件的修改。将 pom. xml 配置文件按如下方式进行修改：

```xml
<!-- 使用 okhttp3 作为 reporter -->
    < dependency >
        < groupId > io. zipkin. reporter2 </groupId >
        < artifactId > zipkin - sender - okhttp3 </artifactId >
        < version > 2. 8. 2 </version >
    </dependency >
    <!-- brave 对 dubbo 的集成 -->
    < dependency >
        < groupId > io. zipkin. brave </groupId >
        < artifactId > brave - instrumentation - dubbo - rpc </artifactId >
        < version > 5. 6. 3 </version >
    </dependency >
    <!-- brave 对 mvc 的集成 -->
    < dependency >
        < groupId > io. zipkin. brave </groupId >
        < artifactId > brave - instrumentation - spring - webmvc </artifactId >
        < version > 5. 6. 3 </version >
    </dependency >
```

（2）应用配置文件修改，将 application. yml 配置文件按照如下方式进行修改：

```yaml
zipkin:
  url: http://127.0.0.1: 9411/api/v2/spans
  connectTimeout: 5000
  readTimeout: 10000
  #取样率,指的是多次请求中有百分之多少传到 zipkin. 例如 1.0 是全部取样,0.5 是 50% 取样
  rate: 1.0f
```

（3）编写后端 Zipkin 属性 Java 代码，在 Java 配置类中对 ZipkinProperties. java 进行修改：

```java
@Configuration
@ConfigurationProperties("zipkin")
public class ZipkinProperties {
  @Value(" $ {spring. application. name}")
  private String serviceName;
  private String url;
  private Long connectTimeout;
  private Long readTimeout;
  private Float rate;
  / * getter and setter * /
}
```

值得注意的是，需要记得在 SpringBoot 的启动类上加上@EnableConfigurationProperties 注解，才能使@ConfigurationProperties("zipkin")生效。

（4）编写后端 Zipkin 配置代码。在后端 ZipkinConfig. java 中编写如下代码：

```java
@Configuration
public class ZipkinConfig {
```

```
@Autowired
private ZipkinProperties zipkinProperties;
//为了实现 Dubbo RPC 调用的拦截
@Bean
public Tracing tracing() {
    Sender sender = OkHttpSender.create(zipkinProperties.getUrl());
    AsyncReporter reporter = AsyncReporter.builder(sender)
        .closeTimeout(zipkinProperties.getConnectTimeout(), TimeUnit.MILLISECONDS)
        .messageTimeout(zipkinProperties.getReadTimeout(), TimeUnit.MILLISECONDS)
        .build();
    Tracing tracing = Tracing.newBuilder()
        .localServiceName(zipkinProperties.getServiceName())
        .propagationFactory(ExtraFieldPropagation.newFactory(B3Propagation.FACTORY, "
shiliew"))
        .sampler(Sampler.create(zipkinProperties.getRate()))
        .spanReporter(reporter)
        .build();
    return tracing;
}
/**
 * MVC Filter,为了实现 SpringMVC 调用的拦截
 * @param tracing
 * @return
 */
@Bean
public Filter tracingFilter(Tracing tracing) {
    HttpTracing httpTracing = HttpTracing.create(tracing);
    httpTracing.toBuilder()
        .serverParser(new HttpServerParser() {
            @Override
            public < Req > String spanName(HttpAdapter < Req, ?> adapter, Req req) {
                return adapter.path(req);
            }
        })
        .clientParser(new HttpClientParser() {
            @Override
            public < Req > String spanName(HttpAdapter < Req, ?> adapter, Req req) {
                return adapter.path(req);
            }
        }).build();
    return TracingFilter.create(httpTracing);
}
}
```

按照以上步骤,就可以完成 Zipkin 和 Dubbo 以及 SpringMVC 的集成。

3. Zipkin 与 Spring Cloud 的集成

在 Spring Cloud 中整合 Zipkin 非常简单,只需在 pom.xml 中引入相关依赖:

```
< dependency >
    < groupId > org.springframework.cloud </groupId>
    < artifactId > spring - cloud - starter - zipkin </artifactId>
</dependency>
```

然后,在 application. yml 中配置 zipkin-server 的路径:

```
spring:
  zipkin:
    base-url: http://localhost: 9411/
```

在使用 Zipkin 微服务跟踪的过程中需要注意如下问题:

(1) Zipkin Server 一定要在调用后才会产生数据,不会提前得到服务的信息注册。

(2) MVC 的拦截,Span 名称是根据请求方式命名的,如图 3-19 所示。

图 3-19　Span 请求方式命名

(3) 可通过图 3-20 所示查看某个请求路径的调用情况。

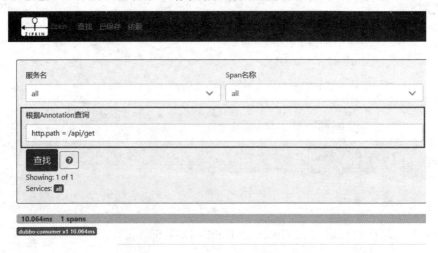

图 3-20　查看请求路径调用情况

在以上介绍的方式下,链路信息均通过 HTTP 发送到 Zipkin-Server 上,为了不影响主流程的性能,可考虑使用消息队列。

3.4.2　Sleuth 微服务跟踪

Spring Cloud Sleuth 的主要功能就是在分布式系统中提供数据追踪解决方案,并且兼容支持 Zipkin，只需要在 pom 文件中引入相应的依赖即可。

Sleuth 可以提供很好的数据追踪方案，用服务链路追踪实现数据的快速查看。Sleuth 集成了 Zipkin、HTrace 等几种链路追踪工具，它可以收集一些由服务实时产生的数据（主要是日志），通过这些数据可以分析出分布式系统的健康状态、服务调用过程、调用耗时等指标，为优化系统、解决问题提供了依据。

定义 3.1　本地过程调用（Local Procedure Call，LPC）指在一个多任务操作系统中，同时运行的进程或者任务通过共享内存进行交互、同步等操作的过程。

定义 3.2　远程过程调用（Remote Procedure Call，RPC）指在分布式系统中，不同系统之间，同时运行的进程或者任务通过网络进行交互、同步等操作的过程。

从上述定义可以看出，RPC 与 LPC 类似，只是 RPC 在网络上工作。以一个典型的 RPC 为例，假设在分布式系统中，计算机 A 上的进程，调用另外一台计算机 B 上的进程，其中 A 上的调用进程被挂起，而 B 上的被调用进程开始执行，当值返回给 A 时，A 进程继续执行。调用方可以通过参数将信息传送给被调用方，然后通过传回的结果得到信息。这一过程对于开发人员来说是透明的。

RPC 背后的思想是尽量使远程过程调用具有与本地调用相同的形式。假设程序需要从某个文件读取数据，程序员在代码中执行 read 调用取得数据。在传统的系统中，read 过程由链接器从库中提取出来，然后链接器再将它插入目标程序。read 过程是一个短过程，一般通过执行一个等效的 read 系统调用来实现，即 read 过程是一个位于用户代码与本地操作系统之间的接口。

定义 3.3　Span 基本工作单元。Span 基本工作单元是指微服务应用中具有开始时间和执行时长的逻辑运行单元。Span 即跨度，代表请求路径中的一个组件或服务的操作。例如，在一个新建的 Span 中发送一个 RPC 等同于发送一个回应请求给 RPC。每个 Span 都有唯一的 64 位 ID，用于标识操作。同时，Span 还有其他数据信息，比如摘要、时间戳事件、关键值注释（tags）以及进度 ID（通常是 IP 地址）等。

Span 在不断地启动和停止，同时记录了时间信息，当创建一个 Span 时，必须在未来的某个时刻停止它。

定义 3.4　调用链路（Trace）。调用链路是指一系列 Span 组成的一个树状结构的链路集合。例如，如果正在运行一个分布式工程，可能需要创建一个 Trace 记录分布式工程中的调用链路顺序。

定义 3.5　注解（Annotation）。这里的注解是指用于及时记录一个事件的信息元素。一些核心注解可用于请求开始和结束的定义。一个注解通常包含以下 4 类注解信息：

- cs-Client Sent——客户端发起一个请求，这个注解描述了这个 Span 的开始。
- sr-Server Received——服务端获得请求并准备开始处理它，以 sr 减去 cs 便可得到网络延迟。
- ss-Server Sent——服务端处理请求已完成，并把结束信息返回客户端，以 ss 减去 sr 便可得到服务端需要的处理请求时间。
- cr-Client Received——表明 Span 的结束，客户端成功接收到服务端的回复，以 cr 减去 cs 便可得到客户端从服务端获取回复的所有所需时间。

微服务跟踪在 Spring Cloud 中的配置如下：

```xml
<dependency>
    <groupId>org.springframework.cloud</groupId>
    <artifactId>spring-cloud-starter-sleuth</artifactId>
</dependency>
<dependency>
    <groupId>org.springframework.cloud</groupId>
    <artifactId>spring-cloud-sleuth-zipkin</artifactId>
</dependency>
```
在 XML 中的配置:
logback-spring.xml:
```xml
<?xml version="1.0" encoding="UTF-8"?>
<!-- 该日志将日志级别不同的 log 信息保存到不同的文件中 -->
<configuration>
    <include resource="org/springframework/boot/logging/logback/defaults.xml" />
    <springProperty scope="context" name="springAppName"
            source="spring.application.name" />
    <!-- 日志在工程中的输出位置 -->
    <property name="LOG_FILE" value="${BUILD_FOLDER:-build}/${springAppName}" />
    <!-- 控制台的日志输出样式 -->
    <property name="CONSOLE_LOG_PATTERN"
        value="%clr(%d{yyyy-MM-dd HH:mm:ss.SSS}){faint} %clr(${LOG_LEVEL_
PATTERN:-%5p}) %clr(${PID:- }){magenta} %clr(---){faint} %clr([%15.15t])
{faint} %m%n${LOG_EXCEPTION_CONVERSION_WORD:-%wEx}}" />
    <!-- 控制台输出 -->
    <appender name="console" class="ch.qos.logback.core.ConsoleAppender">
        <filter class="ch.qos.logback.classic.filter.ThresholdFilter">
            <level>INFO</level>
        </filter>
        <!-- 日志输出编码 -->
        <encoder>
            <pattern>${CONSOLE_LOG_PATTERN}</pattern>
            <charset>utf8</charset>
        </encoder>
    </appender>
    <!-- 为 logstash 输出的 JSON 格式的 Appender -->
    <appender name="logstash"
        class="ch.qos.logback.core.rolling.RollingFileAppender">
        <file>${LOG_FILE}.json</file>
        <rollingPolicy class="ch.qos.logback.core.rolling.TimeBasedRollingPolicy">
            <!-- 日志文件输出的文件名 -->
            <fileNamePattern>${LOG_FILE}.json.%d{yyyy-MM-dd}.gz</fileNamePattern>
            <!-- 日志文件保留天数 -->
            <MaxHistory>3</MaxHistory>
        </rollingPolicy>
        <!-- 日志输出编码 -->
        <encoder
class="net.logstash.logback.encoder.LoggingEventCompositeJsonEncoder">
            <providers>
                <timestamp>
                    <timeZone>UTC</timeZone>
                </timestamp>
                <pattern>
```

```xml
            <pattern>
              {
              "severity": "%level",
              "service": "${springAppName: -}",
              "trace": "%X{X-B3-TraceId: -}",
              "span": "%X{X-B3-SpanId: -}",
              "exportable": "%X{X-Span-Export: -}",
              "pid": "${PID: -}",
              "thread": "%thread",
              "class": "%logger{40}",
              "rest": "%message"
              }
            </pattern>
          </pattern>
        </providers>
      </encoder>
    </appender>

    <!-- 为 logstash 输出的 JSON 格式的 Appender -->
    <appender name="logstash2"
        class="net.logstash.logback.appender.LogstashTcpSocketAppender">
      <destination>localhost: 9600</destination>
      <!-- 日志输出编码 -->
      <encoder
class="net.logstash.logback.encoder.LoggingEventCompositeJsonEncoder">
        <providers>
          <timestamp>
            <timeZone>UTC</timeZone>
          </timestamp>
          <pattern>
            <pattern>
              {
              "severity": "%level",
              "service": "${springAppName: -}",
              "trace": "%X{X-B3-TraceId: -}",
              "span": "%X{X-B3-SpanId: -}",
              "exportable": "%X{X-Span-Export: -}",
              "pid": "${PID: -}",
              "thread": "%thread",
              "class": "%logger{40}",
              "rest": "%message"
              }
            </pattern>
          </pattern>
        </providers>
      </encoder>
    </appender>

    <!-- 日志输出级别 -->
    <root level="INFO">
      <appender-ref ref="console" />
      <appender-ref ref="logstash" />
      <appender-ref ref="logstash2" />
    </root>
</configuration>
```

3.4.3 ELK 微服务跟踪

程序运行避免不了出错,在测试环境下可以通过设置断点定位问题,但对于程序上线之后出现的问题,就需要查看日志来定位。Spring Cloud 进行分布式部署后会有多个微服务,每个微服务都会产生日志,那么怎么进行日志分类,按条件索引想要看到的报错内容呢?现在流行的日志监控系统 ELK 完美地解决了这个问题。图 3-21 给出了 ELK 架构图,ELK系统可以在 Linux 系统进行搭建,同时也可以通过 Spring Boot 将日志关联到 ELK 系统。

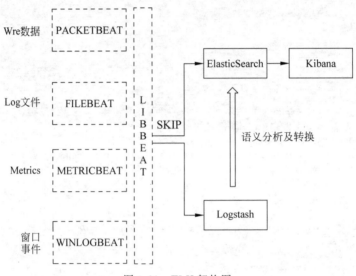

图 3-21　ELK 架构图

ELK 是由 3 个工具整合的日志系统(ElasticSearch、Logstash、Kibana)。

(1) ElasticSearch:提供日志索引功能,快速根据不同条件找到想查看的日志。

(2) Logstash:提供日志收集功能,各个微服务将日志关联到 Logstash。

(3) Kibana:提供可视化 UI 界面。通过图形化界面查看日志比较方便、实用。

1. 安装 ElasticSearch

首先下载安装包,下载地址可扫描二维码获取。

首先对安装包进行解压缩:

```
tar - zxvf elasticsearch - 6.4.1.tar.gz  - C /usr/local
```

这时,/usr/local 目录下就有 elasticsearch-6.4.1 目录了。

```
cd /usr/local/ elasticsearch - 6.4.1
```

编辑配置文件并启动(注意:vi 后面跟一个空格。它是 yml 格式的文件)。

```
vi /config/elasticsearch.yml
```

修改基本配置,单机配置成本机地址、默认端口为 9200。

```
network.host: 192.168.0.85
http.port: 9200
```

此时就完成了配置,但是它不允许 root 运行,所以应新建账号来运行它。

```
useradd elk
passwd elk
```

　　输入两次密码,回到上级目录并更改 ElasticSearch 的拥有者:

```
chown - R elk elasticsearch - 6.4.1
```

切换到 elk 用户,执行

```
su elk
```

命令完成切换。

```
cd elasticsearch - 6.4.1
```

在后台运行它,并启动日志输入:

```
nohup ./bin/elasticsearch &
```

查看 ElasticSearch 运行日志的命令如下:

```
vi nohup.out　查看截止到当前日志
tailf nohup.out　实时查看运行日志
```

2. 安装 Logstash

首先下载安装包,其下载地址可扫描二维码获取。

首先对安装包进行解压缩:

```
tar - zxvf logstash - 6.4.1.tar.gz - C /usr/local
```

进入路径位置:

```
cd /usr/local/logstash - 6.4.1/
```

编辑配置文件并启动,创建一个配置文件:

```
vi config/logstash.conf　　　(logstash.conf 名字可自定义)
```

　　Logstash 中的基本配置如下:

```
input {
    tcp {
        port => "5044"
        codec => "json"
    }
}

output {
    elasticsearch {
        action => "index"
        hosts => ["192.168.195.201: 9200"]
        index => "%{[appname]}"
    }
}
```

启动 Logstash：

```
nohup ./bin/logstash - f ./config/logstash.conf &
```

查看 Logstash 运行日志命令如下：

```
vi nohup.out   查看截止到当前日志
tailf nohup.out   实时查看运行日志
```

3. 安装 Kibana

首先下载安装包，其下载地址可扫描二维码获取。

首先对安装包进行解压缩：

```
tar - zxvf kibana - 6.4.1 - linux - x86_64.tar.gz - C /usr/local/
```

编辑配置文件并启动：

```
cd /usr/local/kibna - 6.4.10linux - x86_64
vi config/kibana.yml
```

Kinaka 中的基本配置如下：

```
server.host: "0.0.0.0"
elasticsearch.url: "http://192.168.0.85: 9200"
elasticsearch.username: "elastic"
elasticsearch.password: "changeme"
```

启动 Kibana：

```
nohup ./bin/kibana &
```

查看 Kibana，运行日志命令如下：

```
vi nohup.out   查看截止到当前日志
tailf nohup.out   实时查看运行日志
```

4. 在 Spring BOOT 中关联 Logstash 日志

修改 logback.xml 文件如下：

```xml
<?xml version="1.0" encoding="UTF-8"?>
<configuration debug="false" scan="true"
    scanPeriod="1 seconds">
    <include
      resource="org/springframework/boot/logging/logback/base.xml" />
    <!-- <jmxConfigurator/> -->
    <contextName>logback</contextName>
    <property name="log.path" value="/home/xxx.log" /> <!-- 存储日志到服务器路径配置 -->
    <property name="log.pattern"
      value="%d{yyyy-MM-dd HH:mm:ss.SSS} - %5p ${PID} --- [%15.15t] %-40.40logger{39} : %m%n" />
    <!-- 输出到控制台 -->
    <appender name="CONSOLE"
      class="ch.qos.logback.core.ConsoleAppender">
        <!-- 此日志 appender 是为开发使用,只配置最低级别,控制台输出的日志级别是大于或等于此级别的日志信息 -->
        <filter class="ch.qos.logback.classic.filter.ThresholdFilter">
            <level>info</level>
        </filter>
        <encoder>
          <Pattern>${CONSOLE_LOG_PATTERN}</Pattern>
            <!-- 设置字符集 -->
            <charset>UTF-8</charset>
        </encoder>
    </appender>
    <appender name="file"
      class="ch.qos.logback.core.rolling.RollingFileAppender">
        <file>${log.path}</file>
        <filter class="ch.qos.logback.classic.filter.LevelFilter">
            <level>info</level>
            <onMatch>ACCEPT</onMatch>
            <onMismatch>DENY</onMismatch>
        </filter>
        <encoder>
            <pattern>${log.pattern}</pattern>
        </encoder>
        <rollingPolicy
          class="ch.qos.logback.core.rolling.TimeBasedRollingPolicy">
          <fileNamePattern>info-%d{yyyy-MM-dd}-%i.log
          </fileNamePatternп>
          <timeBasedFileNamingAndTriggeringPolicy
            class="ch.qos.logback.core.rolling.SizeAndTimeBasedFNATP">
            <maxFileSize>10MB</maxFileSize>
          </timeBasedFileNamingAndTriggeringPolicy>
          <maxHistory>10</maxHistory>
```

```xml
        </rollingPolicy>
    </appender>
 <!-- 下边 socket 关联 Logstash -->
 <appender name="socket"
class="net.logstash.logback.appender.LogstashSocketAppender">
        <filter class="ch.qos.logback.classic.filter.ThresholdFilter">
            <level>INFO</level>
        </filter>
        <host>192.168.0.85</host>
        <port>5044</port>
        <customFields>{"appname":"appname"}</customFields>
    </appender>
 <appender name="LOGSTASH"
        class="net.logstash.logback.appender.LogstashTcpSocketAppender">
        <destination>192.168.0.85:5044</destination>
        <!-- encoder 必须配置,有多种方案可选 -->
        <encoder charset="UTF-8"
          class="net.logstash.logback.encoder.LogstashEncoder">
          <customFields>{"appname":"appname"}</customFields>
        </encoder>
        <connectionStrategy>
            <roundRobin>
                <connectionTTL>5 minutes</connectionTTL>
            </roundRobin>
        </connectionStrategy>
    </appender>
 <root level="info">
        <!-- <appender-ref ref="file" /> -->
        <appender-ref ref="socket" />
         <appender-ref ref="LOGSTASH" />
    </root>
</configuration>
```

通过以上步骤就完成了 ELK 微服务跟踪的配置。

第4章

基于微服务的数据工程应用服务通信与配置

本章重点讲解基于微服务的数据工程中的服务通信与配置相关组件。在多个数据工程应用服务同时启动并运行以后,服务之间的相互通信会非常频繁,远远超过了传统服务之间的数据通信量。本章重点对基于微服务的数据工程消息驱动方法和机制进行介绍;由于大量的微服务数据工程运行时,服务之间的关系和集群服务的配置与管理复杂性,本章还将重点介绍微服务的集群配置与管理相关技术和方法。

4.1 微服务消息驱动

在微服务应用过程中,服务之间需要进行大量的数据通信,为了提高服务间的通信效率,采用了微服务消息驱动机制。

传统的服务间通信采用同步机制,服务提出通信请求以后需要等待其他服务响应后才能进行下一步行动,这种同步消息机制效率低,不适用于微服务之间的通信。消息驱动机制的主要思想是构建消息中间件,采用异步形式处理微服务消息。当服务提出消息请求后,传输到消息中间件,得到响应后,就认为当次消息请求结束,可以开始下一步行动。消息中间件将所有接收到的微服务消息请求通过消息队列进行处理,并根据消息处理端的实际负载情况进行具有负载均衡的消息处理。

消息处理机制能够明显提高微服务的消息传递与处理效率,比较典型的消息处理框架包括 Stream 消息代理框架、RabbitMQ 框架以及 ApacheKafka 框架。

4.1.1 RabbitMQ 框架

RabbitMQ 是一个轻量级的、开源的消息代理中间件,由 Erlang 语言编写,支持多种消息通信协议,分布式部署,同时支持多个操作系统,具有灵活、高可用的特性。该框架支持多种协议,其中最重要的是高级消息队列协议(Advanced Message Queuing Protocol,AMQP),它定义了消息客户端与消息中间件之间的通信协议,基于该协议,客户端与中间件之间可以不受语言约束简单方便地进行消息通信。协议的基本模型架构如图 4-1 所示。

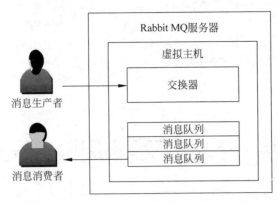

图 4-1　RabbitMQ 消息框架

1. RabbitMQ 核心概念

下面介绍 RabbitMQ 的一些核心概念。

定义 4.1　**消息生产者**(Message Producer)指主动发送消息的应用程序。

定义 4.2　**消息消费者**(Message Consumer)指需要接收消息的应用程序。

定义 4.3　**消息队列**(Message Queue)指用于存储消息的缓存队列。该缓存队列是存储消息的一种数据结构,直到队列中的消息发送给消费者。它是消息的容器,也是消息的终点。一个消息可投入一个或多个队列。消息一直在队列中,等待消息消费者连接到这个队列将消息取走。需要注意,当多个消费者订阅同一个消息队列时,这时队列中的消息会被平均分配给多个消费者进行处理,而不是每个消费者都收到所有的消息并处理,每条消息只能被一个订阅者接收。

定义 4.4　**消息**(Message)指由消息生产者通过 RabbitMQ 发送给消息消费者的信息载体。消息由消息头和消息体组成。消息体是不透明的,而消息头则由一系列透明的可选属性组成,这些属性包括 Routing-key(路由键)、Priority(消息优先权)、Delivery-mode(是否持久性存储)等。

定义 4.5　**连接**(Connection)指 RabbitMQ 和应用服务器之间的 TCP 连接。

定义 4.6　**通道**(Channel)指连接中的虚拟通道,通常指多路复用连接中的一条独立的双向数据流通道。消息队列发送或者接收消息都是通过通道进行的。

定义 4.7　**交换机**(Exchange)指负责从生产者那里接收消息并根据交换类型分发到对应的消息列队的组件。要实现消息的接收,一个队列必须绑定一个交换机。

交换机根据消息生产者和消息队列的匹配信息,接收消息生产者发送的消息并将这些消息按照路由规则转到消息队列。交换机只用于转发消息,不会存储消息。如果没有队列绑定到交换机,那么它会直接丢弃掉消息产生者发送过来的消息。交换机有 4 种消息调度策略,分别是 fanout、direct、topic、headers。

定义 4.8　**绑定**(Binding)是队列和交换机的一个关联连接。一个绑定就是基于绑定键将交换机和消息队列连接起来的路由规则,所以也可以将交换机理解成一个由绑定构成的路由表。

定义 4.9　**路由键**(Routing Key)可供交换机查看,根据路由键可以决定如何分发消息到列队。路由键存储消息的目的地址。

定义 4.10　服务器实体(Broker)指在 RabbitMQ 框架中负责消息调度、队列分配等服务的服务器实体。

2. RabbitMQ 队列模式

RabbitMQ 中的队列包括简单队列、工作队列、发布/订阅、路由、主题 5 种模式。

1）简单队列模式

在简单队列模式中,一个消息消费者对应一个队列,队列来源也只对应一个消息生产者,简单队列模式如图 4-2 所示。

应用场景：将发送的电子邮件放到消息队列,然后邮件服务在队列中获取邮件并发送给收件人。

图 4-2　简单队列模式

2）工作队列模式

在工作队列模式中,一个消息生产者可对应多个消费者,但只能有一个消息队列。消息消费者可分别按照一定的规则从队列中获取消息进行处理,工作队列模式如图 4-3 所示。

应用场景：该队列模式一般在一个生产者对应多个消费者的场景下使用。例如,在网上购物系统中,假设一个订单的处理需要较长时间,并且支持不同的订单服务并发处理,这种情况下多个订单可以同时放到消息队列,让多个消费者同时处理订单。

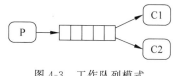

图 4-3　工作队列模式

3）发布/订阅模式

在发布/订阅模式下,消息生产者不直接将消息发送到消息队列,而是将消息发送到一个交换机,队列从交换机获取消息。生产者发送的消息,经过交换机到达队列,实现一个消息被多个消费者获取的目的。发布/订阅模式如图 4-4 所示。

因此,队列需要绑定到交换机。一个生产者可以有多个消费者。每个消费者都有自己的一个队列。

值得注意的是,交换机本身没有存储消息的能力,消息只能存储到队列中。

图 4-4　发布/订阅模式

应用场景：例如,在网上商城微服务中,更新商品库存微服务在完成以后,需要通知多个缓存和多个数据库。因此,更新商品消息通过发布模式发布到交换机中,交换机通过某种模式生产出两个消息队列,分别为缓存消息队列和数据库消息队列,一个缓存消息队列可对应多个消息消费者,数据库消息队列也可对应多个消息消费者。

4）路由模式(Routing)

路由模式是发布/订阅模式的一种特殊情况。交换机需要接收带有指定路由键的消息,并根据路由键来分配消息到相应键的队列。通过这种模式,一个队列可以指定多个路由键,消息只会发送到绑定的路由键对应的队列中,路由模式如图 4-5 所示。

应用场景：假设在网上商城微服务中,在商品库存中增加了 10 台联想笔记本电脑,给参与促销活动的消费者指定的路由键为"联想笔记本",在这个条件下,参与促销活动的消费者将只会收到跟"联想笔记本"相关的消息,不会收到其他不相关的消息。

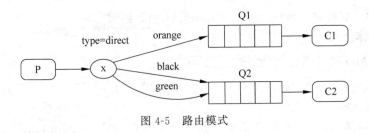

图 4-5　路由模式

5）主题模式（Topic）

在路由模式基础上，消息队列可根据主题来决定是否接收交换机上的消息。绑定队列到交换机指定路由键时，进行通配符模式匹配。符号"#"表示匹配一个或多个词，"∗"表示匹配一个词。每个队列都需要绑定到一个模式，每个队列可服务多个用户，主题模式如图 4-6 所示。

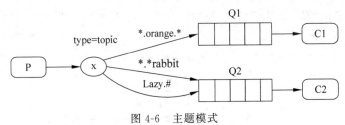

图 4-6　主题模式

应用场景：假设在网上商城微服务中，在商品库存中增加了 10 台联想笔记本电脑、10台戴尔笔记本电脑，给参与促销活动的消费者指定的主题为"笔记本"，在这个条件下，参与促销活动的消费者将会收到跟"笔记本"相关的所有消息，也就是关于"联想笔记本电脑"和"戴尔笔记本电脑"相关的消息，但不会收到其他不相关的消息。

3．RabbitMQ 交换机类型

消息并不是直接发布到队列的，而是被生产者发送到一个交换机上。交换机负责将消息发布到不同的队列中。交换机从生产者应用上接收消息，然后根据绑定和路由键将消息发送到对应的队列。绑定是交换机和队列之间的一个关系连接。在 RabbitMQ 中，交换机存在不同的类型，包括直接交换机（Direct Exchange）、扇出交换机（Fanout Exchange）、主题交换机（Topic Exchange）、消息头交换机（Header Exchange）。

1）直接交换机

直接交换机通过消息上的路由键直接对消息进行分发，直接类型如图 4-7 所示。

直接交换机需要消息的路由键与交换机和队列之间的绑定键完全匹配，如果匹配成功，则将消息分发到该队列。只有当路由键和绑定键完全匹配的时候，消息队列才可以获取消息。RabbitMQ 默认提供了一个交换机，名字是空字符串，类型是 Direct，绑定到所有的队列（每个队列和这个无名交换机间的绑定键是队列的名字）。有时候感觉不需要交换器也可以发送和接收消息，但是实际上是使用了 RabbitMQ 默认提供的直接交换机。

直连交换机是一种带路由功能的交换机，一个队列会和一个交换机绑定，除此之外再绑定路由键，当消息被发送的时候，需要指定绑定键，这个消息被送达交换机的时候，就会被这个交换机送到指定的队列中。同样的一个路由键也可以应用到多个队列中。这样当一个交换机绑定多个队列时，消息会被送到对应的队列去处理。

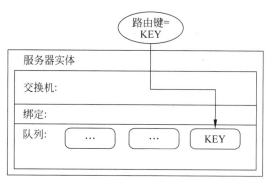

图 4-7　直接交换机

2）扇出交换机

扇出交换机会将消息发送到所有和它进行绑定的队列中。扇出交换机如图 4-8 所示。

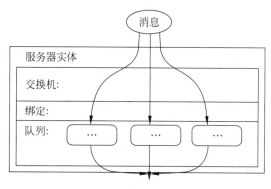

图 4-8　扇出交换机

扇出交换机会把所有发送到该交换机的消息路由到所有与该交换机器绑定的消息队列中。订阅模式与绑定键和路由键无关，交换器将接收到的消息分发给有绑定关系的所有消息队列（不论绑定键和路由键是什么）。与子网广播类似，子网内的每台主机都获得了一份复制的消息。扇出交换机的消息转发速度是最快的。

扇出交换机是最基本的交换机类型，它所能做的事情非常简单——广播消息。扇出交换机会把能接收到的消息全部发送给绑定在自己身上的队列。因为广播不需要"思考"，所以扇出交换机处理消息的速度也是所有的交换机类型中最快的。

3）主题交换机

主题交换机会将路由键和其绑定的模式进行通配符匹配，主题交换机如图 4-9 所示。

主题交换机按照正则表达式进行模糊匹配：用消息路由键与交换机和队列之间的绑定键值进行模糊匹配，如果匹配成功，则将消息分发到该队列。路由键是一个由句点号"."分隔的字符串（被句点号"."分隔开的每一段独立的字符串称为一个单词）。绑定键与路由键一样也是由句点号"."分隔的字符串。绑定键中可以存在两种特殊字符"＊"与"＃"，用于做模糊匹配，其中"＊"用于匹配一个单词，"＃"用于匹配多个单词（也可以是零个或一个）。

4）消息头交换机

消息头交换机使用消息头的属性进行消息路由，如图 4-10 所示。

MQ 本身是基于异步的消息处理，前面示例中所有的生产者将消息发送到 RabbitMQ

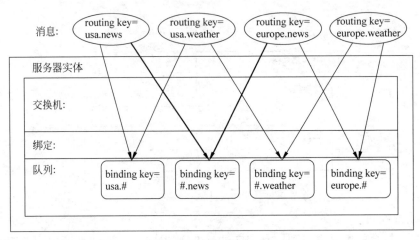

图 4-9　主题交换机

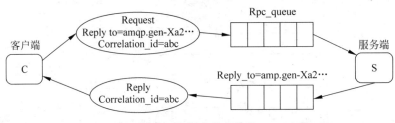

图 4-10　消息头交换机

后不会知道消费者处理成功或者失败，甚至连有没有消费者来处理这条消息都不知道。但在实际的应用场景中，很可能需要一些同步处理，需要同步等待服务端将消息处理完成后再进行下一步处理。这相当于 RPC。

定义一个哈希(Hash)的数据结构，消息在发送时会携带一组哈希数据结构的信息，当哈希内容匹配时，消息就会被写入队列。绑定交换机和队列的时候，哈希结构中要求携带一个键 x-match，这个键值可以是 any 或者 all，分别代表消息携带的哈希内容是需要全部匹配(all)，还是仅匹配一个键(any)。相比直连交换机，消息头交换机的优势是匹配的规则不被限定为字符串(string)。

4. RabbitMQ 相关机制

1) RPC 机制

RabbitMQ 中实现 RPC 的机制是：

(1) 生产者发送请求(消息)时，在消息的属性(MessageProperties，在 AMQP 中定义了14 个属性，这些属性会随着消息一起发送)中设置两个属性值：replyTo(一个 Queue 名称，用于告诉消费者处理完成后将通知消息发送到此队列中)和 correlationId(此次请求的标识号，消费者处理完成后需要将此属性返回，生产者将根据这个 ID 了解该请求是否成功执行)。

(2) 消费者收到消息并处理。

(3) 消费者处理完消息后，将生成一条应答消息到 replyTo 指定的队列，同时带上correlationId 属性。

（4）生产者之前已订阅 replyTo 指定的队列,从中收到服务器的应答消息后,根据其中的 correlationId 属性分析哪条请求已被执行,然后根据执行结果进行后续业务处理。

2）消息确认机制

在实际应用中,可能会发生消费者收到队列中的消息,但没有处理完成就宕机(或出现其他意外)的情况,这种情况下消息可能会丢失。为了避免发生这种情况,可以要求消费者在消费完消息后发送一个回执给 RabbitMQ,RabbitMQ 收到消息回执(Message acknowledgment)后才将该消息从队列中移除;如果 RabbitMQ 没有收到回执并检测到消费者的 RabbitMQ 连接断开,则 RabbitMQ 会将该消息发送给其他消费者(如果存在多个消费者)进行处理。这里不存在超时的概念,一个消费者处理消息的时间再长也不会导致该消息被发送给其他消费者,除非它的 RabbitMQ 连接断开。这里会产生另外一个问题,如果开发人员在处理完业务逻辑后,忘记发送回执给 RabbitMQ,那么这将会导致严重的问题,队列中堆积的消息会越来越多,消费者重启后会重复消费这些消息并重复执行业务逻辑。如果采用 no-ack 的方式进行确认,也就是说,每次消费者接到数据后,此消息不管是否完成处理,RabbitMQ 都会立即把这个消息标记为完成,并从队列中删除此消息。

3）消息持久化机制

如果希望在 RabbitMQ 服务重启的情况下,也不会丢失消息,那么可以将队列与消息都设置为可持久化的(durable)。虽然这样可以保证在绝大部分情况下 RabbitMQ 消息不会丢失,但依然阻止不了小概率丢失事件的发生(比如 RabbitMQ 服务器已经接收到生产者的消息,但还没来得及持久化该消息时 RabbitMQ 服务器就断电了)。如果需要对这种小概率事件进行管理,则要用到事务。

4）事务机制

对事务的支持是 AMQP 的一个重要特性。生产者将一个持久化消息发送给服务器,消费者本身没有返回响应,此时服务器崩溃,没有持久化该消息,则生产者也无法获知该消息已经丢失。如果此时通过 txSelect( )开启一个事务,再发送消息给服务器,那么通过 txCommit( )提交该事务,就可以保证该消息一定会持久化。如果 txCommit( )还未提交服务器就崩溃了,则该消息不会被服务器接收。当然,RabbitMQ 也提供了 txRollback( )命令用于回滚某个事务。

5）消息分发机制

在应用程序使用消息系统时,一般情况下生产者向队列中插入数据时速度是比较快的,但是消费者消费数据往往涉及一些业务逻辑处理,导致跟不上生产者生产数据的速度。因此如果一个生产者对应一个消费者,那么很容易导致很多消息堆积在队列中。这时,就要使用工作队列了。一个队列有多个消费者同时消费数据。工作队列有两种分发数据的方式:轮询分发(Round-robin)和公平分发(Fair dispatch)。

（1）轮询分发:队列给每一个消费者发送数量一样的数据。如果工作队列中有两个消费者,那么两个消费者得到的数据量一样的,并不会因为两个消费者处理数据速度不一样使得两个消费者取得不一样数量的数据。但是这种分发方式存在着一些隐患——消费者虽然得到了消息,但是如果消费者没能成功处理业务逻辑,在 RabbitMQ 中也不存在这条消息,则会出现消息丢失并且业务逻辑没能成功处理的情况。

（2）公平分发:消费者设置每次从队列中取一条数据,且关闭自动回复机制,每次取完一条数据后,手动回复并继续取下一条数据。与轮询分发不同的是,采用公平分发机制,队列会公平地给每个消息费者发送数据,消费一条后再发第二条,而且可以在管理界面中看到数据随着消费者消费完而一条条地减少,并不是一下子全部分发完了。采用公平分发机制就不会出现消息丢失并且业务逻辑没能成功处理的情况。

4.1.2　Apache Kafka 框架

Apache Kafka 是一个开源信息系统项目框架,由 Scala 语言编写。该项目的目标是为处理实时数据提供一个统一、高通量、低等待的平台。同时,该框架是一个分布式发布/订阅消息系统和一个强大的队列,可以处理大量的数据,并使消息能够从一个端点传递到另一个端点。Apache Kafka 适合离线和在线消息消费。消息保留在磁盘上,并在群集内复制以防止数据丢失。

Apache Kafka 作为一个分布式消息队列,具有高性能、持久化、多副本备份、横向扩展能力等特征。消息生产者向队列中写消息,消息消费者从队列中获取消息执行业务,对消费者和生产者而言,能够起到解耦、削峰、异步处理的作用。下面从核心概念、核心 API 和基本原理 3 方面对该框架进行解析。

1. Apache Kafka 核心概念

在 Apache Kafka 中,关于消息的提供者和消息消费者的概念与前面的介绍一致,此处不再赘述。下面介绍 Apache Kafka 框架专用的一些核心概念。

定义 4.11　卡夫卡实例(Kafka broker)。Kafka 实例是指服务端用于存储消息的服务器实体。

Kafka 集群中有很多台服务器,其中每一台服务器都可以存储消息,将每一台服务器称为一个 Kafka 实例,也叫作服务器实体。

定义 4.12　主题(Topic)。这里的主题是指在 Kafka 框架中对某一类消息的归纳。

一个主题中保存的是同一类消息,相当于对消息的分类,每个消息生产者将消息发送到 Kafka 集群中,都需要指明保存该消息的主题,也就是指明这个消息属于哪一类。

定义 4.13　分区(Partition)。Kafka 中的分区是指在主题中按照预先规定的规则,以动态追加日志形式构建的文件块。每个主题都可以分成多个分区,每个分区在存储层面是以动态追加日志形式构建的文件。任何发布到此分区的消息都会被直接追加到日志文件的尾部。

为什么要进行分区呢？最根本的原因就是：Kafka 基于文件进行存储,当文件内容多到一定程度时,很容易达到单个磁盘的上限,因此,采用分区的办法,一个分区对应一个文件,这样就可以将数据分别存储到不同的服务器中,并通过负载均衡机制,高效地容纳更多消息消费者。

定义 4.13　偏移量(Offset)指消息在分区文件的位置。一个分区对应一个磁盘上的文件,而消息在文件中的位置就称为偏移量。偏移量为一个 long 型数据,它可以唯一标记一条消息。由于 Kafka 中并没有提供其他额外的索引机制来存储偏移量,文件只能顺序读写,所以在 Kafka 中几乎不允许对消息进行"随机读写"。

2. Apache Kafka 核心 API

在 Apache Kafka 框架中,提供了 4 个核心 API,分别支撑生产者、消费者、流处理和连接器相关的应用请求。

(1) 生产者 API(Producer API),该接口允许应用发布一个流数据到一个或多个主题。

(2) 消费者 API(Consumer API),该接口允许应用订阅一个或多个主题,然后处理这些主题中的流数据。

(3) 流处理 API(Streams API),该接口允许应用作为一个流处理器(stream processor),从一个或多个主题的输入流中消费数据,然后转换并生产数据到一个或多个主题的输出流中。

(4) 连接器 API(Connector API),该接口允许构建和运行可重用的生产者或者消费者,这些生产者或消费者将 Kafka 中的主题和现有的应用或者数据系统(如数据库)连接起来。比如一个连接器可以连接到一个关系型数据库,从而捕捉数据表中的任何变化,然后进行响应处理。

3. Apache Kafka 基本原理

通过之前的介绍,对 Kafka 有了一个简单的理解,它的设计初衷是建立一个统一的信息收集平台,使其可以做到对信息的实时反馈。接下来着重从几方面分析其基本原理。

1) 分布式和分区原理

Kafka 是一个分布式消息系统。所谓分布式,主要体现在以下方面:首先,采用分布式的分区文件集群存储策略。消息保存在主题中,一个主题划分为多个分区,每个分区对应一个文件,可以分别存储到不同的机器上,实现分布式的集群存储。其次,每个分区可以有一定的副本,以分布式的形式备份到多台机器上,提高可用性。

Kafka 的分布式和分区原理总结起来就是:一个主题对应的多个分区,分散存储到集群中的多个主机上,存储方式是一个分区对应一个文件,每个主机负责存储在自己机器上的分区中的消息读写。

2) 副本原理

从分布式和分区原理中,可以看出 Kafka 框架是需要对分区做副本的。Kafka 框架还可以配置分区需要备份的具体数量和策略,每个分区将会被备份到多台机器上,备份的数量通过配置文件指定。

这种冗余备份的方式在分布式系统中是很常见的。既然有副本,就会涉及对同一个文件的多个备份如何进行管理和调度。Kafka 采取的方案是:每个分区选举一个服务端作为领袖(leader),由领袖负责所有对该分区的读写,其他服务端作为跟随者(follower)只需要简单地与领袖同步,保持跟进即可。如果原来的领袖失效,则重新选举其他的跟随者成为新的领袖。

至于如何选取领袖,Kafka 框架会在服务器实体中选出一个控制器,用于分区分配和领袖选举。

另外,实际上作为领袖的服务端承担了该分区所有的读写请求,因此其压力是比较大的,从整体考虑,有多少个分区就意味着会有多少个领袖,Kafka 会将领袖分散到不同的服务器实体上,确保整体的负载均衡。

3）数据流程

Kafka 的全局数据流过程如图 4-11 所示,该图概括了整个 Kafka 框架的数据流转基本原理,包含了数据生产（Produce）和数据消费（Consume）的全流程。

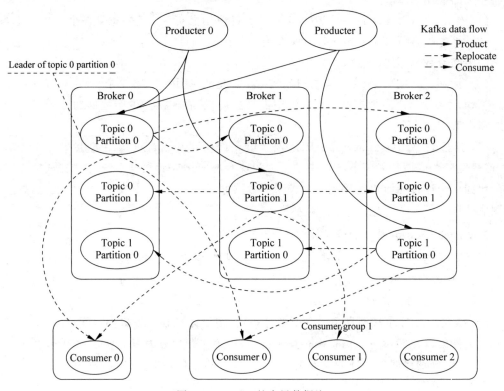

图 4-11　Kafka 的全局数据流

4）数据生产过程

对于消息生产者准备写入的一条记录,要先对其进行序列化,然后按照主题和分区,放入对应的发送队列。该记录需指定 4 个参数,分别是 topic、partition、key 和 value,其中 topic（主题）和 value（要写入的数据）是必须要指定的,而 key（键值）和 partition（分区）是可选的,Kafka 数据流程图如图 4-12 所示。

如果分区已经填好,那么系统会按照消息设置的信息放进对应的分区中；如果分区没填好,则存在以下两种情况：

（1）填写了键值。系统按照键值进行哈希,相同键值在同一个分区。

（2）没有填写键值。

系统按照轮询调度（Round-Robin）的方式来选分区。

消息生产者将会和主题下的所有分区领袖保持 socket 连接,消息由生产者直接通过 socket 通信发送到 Kafka 实例中。其中,分区领袖的位置（host：port）注册在 ZooKeeper 中,消息生产者作为 ZooKeeper 客户端,已经注册了防盗来监听用于监听分区领袖的变更事件,因此,可以准确地知道谁是当前的领袖。

消息生产者采用异步方式发送消息：将多条消息暂时在客户端缓存起来,并批量发送到 Kafka 实例。如果不是批量发送,小数据 IO 请求太多会加剧整体的网络延迟,因此采用

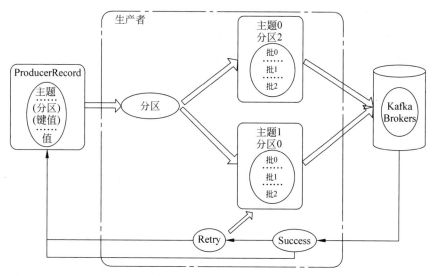

图 4-12　Kafka 数据流程图

批量延迟发送的机制,提升了网络效率。

5) 数据消费过程

Kafka 中的消息消费者不是以单独个体的形式存在,而是属于一个消费者群体(consumer group),一个群体包含多个消息消费者。主题是以消费组为单位来订阅的,发送到主题的消息,只会被订阅此主题的每个群体中的一个消费者消费。消息消费模式示意如图 4-13 所示。

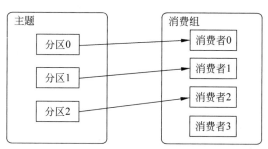

图 4-13　消息消费模式示意

在极端情况下,如果所有的消费者都属于相同的群体,那么就等同于一个点对点的消息系统;如果每个消费者都具有不同的群体,那么消息会广播给所有的消费者。

具体来说,这实际上是根据分区来分的。一个分区只能被消费组中的一个消费者消费,也就是说,同一个消费组的两个消费者不会同时消费一个分区。但是分区可以同时被多个消费组消费,消费组中的每个消费者是关联到一个分区的。因此,对于一个主题,同一个群体中不能有多于分区个数的消费者同时消费,否则意味着某些消费者将无法得到消息。

在 Kafka 框架中,采用了拉取(pull 或 fetch)方式,即消费者在和 Kafka 实例建立连接之后,主动去拉取消息,首先消费者可以根据自己的消费能力适时地去拉取消息并处理,且可以控制消息消费的进度。

分区中的消息只有一个消费者在消费,且不存在消息状态的控制,也没有复杂的消息确认机制,可见 Kafka 实例端是相当轻量级的。当消息被消费者接收后,可以利用偏移量记录消费消息。此偏移量开始是保存在 ZooKeeper 中,由于 ZooKeeper 的写性能不好,以前的解决方法都是消费者每隔一分钟上报一次,在 0.10 版本后,Kafka 框架把这个偏移量从 ZooKeeper 中剥离,保存在一个名为 consumeroffsets topic 的主题中,由此可见,消费者客户端也很轻量级。

6) 消息传送机制

Kafka 支持 3 种消息投递语义。在业务中,常常都是使用 At least once 模型。

(1) At most once:最多一次,消息可能会丢失,但不会重复。

(2) At least once:最少一次,消息不会丢失,可能会重复。

(3) Exactly once:只且一次,消息不丢失不重复,只且消费一次。

7) 特点

综上所述,Kafka 具有如下重要特点。

(1) Kafka 是一个基于发布/订阅的分布式消息系统(消息队列);其基于分布式的扩展框架,特点是 Kafka 的数据会复制到几台服务器上,当某台服务器因出现故障失效时,生产者和消费者转而使用其他的 Kafka。

(2) Kafka 面向大数据,消息保存在主题中,而每个主题又分为多个分区;面向大数据主要使得 Kafka 框架可用于处理大量大数据分析和少量事务数据处理的事件流。

(3) Kafka 的消息数据保存在磁盘,每个分区对应磁盘上的一个文件,消息写入就是简单的文件追加,文件可以在集群内复制备份以防丢失。

(4) 即使消息被消费,Kafka 也不会立即删除该消息,可以通过配置使得过一段时间后自动删除以释放磁盘空间。

(5) Kafka 依赖分布式协调服务 ZooKeeper,适合离线/在线信息的消费,与框架和平台等实时流式数据分析常常结合使用。

(6) 高吞吐量特征,可以满足每秒百万级别消息的生产和消费。

(7) 持久性特征,具有一套完善的消息存储机制,能够确保数据高效、安全和持久化。

4. Stream 消息驱动

Spring Cloud Stream 是一个构建消息驱动的微服务框架。该框架在 Spring Boot 的基础上整合了 Spring Integration 来连接消息代理中间件,支持多个消息中间件的自定义配置,同时吸收了消息中间件的持久化订阅、消费者分组和分区等概念。Stream 框架主要解决底层消息中间件的异构问题,降低了切换成本,是一个统一消息的编程模型。

Stream 框架的组成部分包括 Stream 框架应用模型、绑定器抽象层、持久化订阅支持、消费者组的支持与主题分区支持。

4.2 微服务集群网关

传统的 Eureka 服务在处理多个服务并发时,只利用统一标识地址实现服务资源的定位,使用起来非常不方便,因为用户或者开发者对于服务名称并不是特别敏感,并且在服务较多的情况下用户往往因为搞不清楚内部集群架构而无法准确高效地获取服务。为了解决这一问题,提出了集群网关的概念——通过添加一个统一网关,将集群的服务都隐藏到网关后面,这种做法对于外部的服务消费者来说更方便了——无须关心集群的内部结构,只需关心网关的配置信息。

集群网关的意义在于：将传统的直接访问服务调用者的 RUL 方式，变为经过组织的由多个服务调用者和提供者，以统一的、协同的、稳定的、高可用的、自动负载均衡的方式完成服务消费。

4.2.1　Nginx 集群网关

Nginx(engine x)是一个高性能的 HTTP 和反向代理服务，也是一个 IMAP/POP3/SMTP 服务。Nginx 是由伊戈尔·赛索耶夫为俄罗斯访问量第二的 Rambler.ru 站点开发的，第一个公开版本 0.1.0 发布于 2004 年 10 月 4 日。

Nginx 的源代码以类 BSD 许可证的形式发布，因它的稳定性、丰富的功能集、示例配置文件和低系统资源的消耗而闻名。2011 年 6 月 1 日，Nginx 1.0.4 发布。

1. Nginx 的基本组成及架构

Nginx 是一款轻量级的 Web 服务器/反向代理服务器及电子邮件(IMAP/POP3)代理服务器，并在一个 BSD-like 协议下发行。其特点是占有内存少，并发能力强。Nginx 的并发能力在同类型的网页服务器中表现确实较好，中国大陆使用 Nginx 的网站用户有百度、京东、新浪、网易、腾讯、淘宝等。

Nginx 是模块化架构的服务，具有丰富的模块，且模块以松散方式耦合，包括以下模块。

(1) 内核模块：实现了底层的通信协议，为其他模块/进程构建运行环境、协作基础，打开监听端口，启动工作进程。

(2) HTTP/Mail 模块：位于内核模块和各功能模块之间，在内核模块之上实现了另一层的抽象，能够处理 HTTP/MAIL 协议事件，并确保按照正确顺序调用功能模块。

(3) Event 模块：负责监听进程接收请求后建立的连接，对读写事件进行添加、删除；该模块能够与非阻塞 I/O 模型结合使用；支持 select/poll/epoll/kqueue 等系统调用。

(4) Handler 模块：负责接收客户端请求并产生输出；通过配置文件中的 location 指令配置 content handler 模块。

(5) Filter 模块：负责输出内容处理，修改输出内容；Fiter 模块在获取回复内容之后，向用户发送响应之前，执行处理动作。

(6) Upstream 模块：实现反向代理的功能，负责将请求转发到后端服务器上，并读取响应，发回客户端；跨越单机的限制，完成网络数据的接收、处理和转发。

(7) LoadBalancer 模块：根据配置指定算法，在众多的后端服务器中选择一个，完成请求的转发。

Nginx 的主要功能是用作多个服务的负载均衡，是一个典型的服务端负载均衡及反向代理集群网关。Nignx 服务器的基本架构如图 4-14 所示。

2. Nginx 的进程处理机制

Nignx 在启动后，在服务器系统中会以进程的方式在后台运行，后台进程包含一个主进程和多个工作进程。也可以手动地关掉后台模式，让 Nignx 在前台运行，并且通过配置让 Nignx 取消主进程，从而可以使 Nignxx 以单进程方式运行。很显然，在正式的运行生产环境下，肯定不会这么做，所以关闭后台模式一般是用来调试和测试用的。在后面的章节里

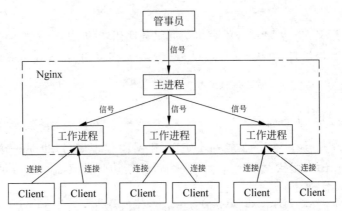

图 4-14　Nginx 服务器的基本架构图

面,会详细地讲解如何调试 Nignx。因此可以看到,Nignx 是以多进程的方式来工作的。除了多进程的方式,Nignx 也是支持多线程的,只是目前主流的方式还是多进程,也是 Nignx 的默认方式。Nignx 采用多进程的方式有诸多好处,下面详细讲解 Nignx 的多进程模式。

Nignx 在启动后,会启动一个主进程和多个工作进程。主进程用于管理工作进程,包含:

(1) 转发信号。接收来自外界的信号,向各工作进程发送信号。

(2) 监控状态。监控工作进程的运行状态,当工作进程在异常状态下退出后,自动重新启动新的工作进程。

基本的网络业务相关事件主要由工作进程负责。

需要注意如下方面:

(1) 工作进程的对等性。工作进程之间是对等并且独立的,它们同等竞争来自客户端的请求。

(2) 请求与进程的一一对应关系。一个请求只能在一个工作进程中处理。一个工作进程,不能同时处理其他进程的请求。

(3) 工作进程的数量设置问题。工作进程的个数是可以设置的,一般来讲,工作进程数量设置与机器 CPU 核数一致,是由 Nignx 的进程模型以及事件处理模型决定的。

在 Nignx 启动后,需要对 Nignx 进行操作管理。由上面的介绍可知,主进程用于管理工作进程,因此重点在于通过主进程的管理来实现对所有进程的管理。主进程会接收来自外界的信号,再根据信号做不同的事情。所以控制 Nignx,只需要向主进程发送不同的控制信号。例如,向主进程发送 kill -HUP pid 信号,是告诉 Nignx,软重启 Nignx。采用软重启方式重启 Nignx 的同时会重新加载配置,并且服务不会中断。

主进程在接收到 HUP 信号后会进行如下操作:

(1) 启动新工作进程。主进程在接到信号后,会先重新加载配置文件,然后再启动新的工作进程。

(2) 广发通知。启动新工作进程后,主进程向所有老的工作进程发送信号,告诉它们可以解散了。

(3) 按新秩序运行。新的工作在启动后,就开始接收新的请求,而老的工作进程在收到来自主进程的信号后,就不再接收新的请求了,并且在当前进程中的所有未处理完的请求处理完成后,完成自我销毁。

　　当然,直接给主进程发送信号的方式比较复杂,会给管理者带来多余的工作量,因为默认这些管理信号会被系统识别且自动发送给主进程。因此在 Nignx 0.8 版本之后,引入了一系列命令行参数来降低管理成本和管理难度。例如,直接在终端中输入"./nginx -s reload",系统会自动识别该命令,并将这个命令进行解析,分辨出这个命令的目的是重启 Nginx,因此系统会重新加载配置文件,向主进程发送信号,接下来的动作就和直接向主进程发送信号一样了。同理,"./nginx -s stop"命令就是停止 Nignx 的运行。

　　前面介绍了在操作 Nignx 的时候,主进程的管理以及主进程和工作进程之间如何进行交互。那么,工作进程又是如何处理请求的呢? 如前所述,工作进程之间是平等且独立的,每个进程处理请求的机会也是一样的。当处理 HTTP 服务时,一个用户请求过来,每个进程都有平等的机会处理该请求,其内部采用了构建互斥锁机制来保证进程处理请求的公平性,其主要过程如下:

　　(1)构建套接字监听编号。每个工作进程都是从主进程构建过来,在主进程中,先建立好需要监听的套接字监听编号,然后再构建出多个工作进程。

　　(2)基于互斥锁接收连接。所有工作进程的监听编号会在新连接到来时变得可读,为保证只有一个进程处理该连接,所有工作进程在注册监听编号读事件前抢接收互斥锁(accept_mutex),抢到互斥锁的那个进程注册监听编码读事件,在读事件里接收该连接。

　　(3)处理请求,断开连接。当一个工作进程在接收这个连接之后,就开始读取请求、解析请求、处理请求,产生数据后,再返回给客户端,最后断开连接。一个完整的请求过程就结束了。可以看到,一个请求完全由工作进程来处理,而且只在一个工作进程中处理。

　　Nignx 采用这种独立进程模型的优势如下:

　　(1)对于每个工作进程来说,独立的进程不需要加锁,所以省掉了锁带来的开销,同时在编程以及问题查找时,也会方便很多。

　　(2)采用独立的进程,可以让进程互相之间不会影响,一个进程退出后,其他进程还可以工作,服务不会中断,主进程则可以很快启动新的工作进程。当然,工作进程的异常退出,肯定是程序有问题(bug)了,异常退出会导致当前工作进程上的所有请求失败,但不会影响到这些请求本身,所以降低了风险。

3. Nginx 的事件处理机制

　　上面介绍了很多关于 Nignx 的进程模型,接下来看 Nginx 是如何处理事件的。

　　我们可能个疑问,Nignx 采用多工作进程的方式来处理请求,每个工作进程中只有一个主线程,但能够处理的并发数有限,多少个工作进程就能处理多少个并发,何来高并发一说呢? 这个问题就是我们接下来要讨论的 Nignx 异步非阻塞方式,也正是这种方式使得 Nignx 具有高并发处理能力。

　　Nignx 采用了异步非阻塞的方式来处理请求,也就是说,Nignx 是可以同时处理成千上万个请求的。为什么 Nignx 可以采用异步非阻塞的方式来处理,或者异步非阻塞到底是怎么回事呢?

　　首先回忆一下传统的 Web 服务器(以 Apache 为例,下面用 Apache 的简称来代替传统的 Web 服务器)常用同步阻塞工作方式(Apache 也有异步非阻塞版本,但因其与自带的某些模块冲突,所以不常用)。每个请求会独占一个工作线程,当并发数达到几千时,就同时有几千的线程在处理请求了。这对操作系统来说是个不小的挑战,线程带来的内存占用非常大,线程的上下文切换带来的 CPU 开销很大,自然性能就上不去了,而这些开销完全是没有意义的。

那么什么是同步阻塞方式?这种方式会有什么缺点呢?首先分析一个完整的请求过程,请求到来时要建立连接,然后再接收数据,接收数据后,再发送数据。对应到系统底层处理,最关键的操作就是读写事件。而当读写事件的准备工作没有完成时,必然不可操作,如果采用阻塞的方式调用,事件没有准备好,则需要进行等待。这时阻塞调用会进入内核等待时间,CPU 就会空闲了。对单线程的工作进程来说,显然不合适,因为当请求事件越来越多的时候,如果一个事件导致大家都陷入等待过程中,致使 CPU 空闲,利用率自然不高,更别谈高并发了。

这里介绍几种解决方法尝试处理上述问题。首先,考虑是否可以通过增加进程数来解决问题。增加进程数的解决方案基本上和 Apache 的线程模型没有区别,没有特别充分的硬件资源支撑根本无法处理高并发请求,上下文切换代价也会导致系统性能降低。所以,单纯增加进程数是无法解决高并发处理问题的。其次,尝试采用非阻塞的系统调用方式。非阻塞的原理其实就是:如果事件没有准备好,马上通过主进程告诉工作进程,事件还没准备好,不必等待,过会儿再来吧。工作进程过一会儿后,再来检查一下事件,直到事件准备好了为止。在这期间,工作进程可以先去做其他事情,然后再来看看是否准备好了。虽然不阻塞了,但工作进程要不时地检查一下事件的状态,虽然可以做更多的事情了,但开销也是不小的。

所以,才会有了异步非阻塞的事件处理机制,具体到系统调用用户进程的方法,就是像 select/poll/epoll/kqueue 这样的系统调用(可参考操作系统相关书籍,本书中不再详细介绍这几种调用方式的详细过程和区别了)。它们提供了一种机制,让你可以同时监控多个事件,虽然调用它们时是阻塞的,但可以设置超时时间,在超时时间之内,如果有事件准备好了,则返回。这种机制正好解决了上面的两个问题。下面以 epoll 方式为例(在后面多以 epoll 为例子,以代表这一类方式)介绍。当事件没准备好时,放到 epoll 中,事件准备好了就去读写,当读写完成并返回后,再次进行时,再将其加入 epoll 中。这样,只要有事件准备好了,就去处理它,只有当所有事件都没准备好时,epoll 才会等待,当然这样的情况是非常少见的。通过这种方式,就可以高效地并发处理大量的请求了。

这里的并发请求,是指未处理完的请求。线程只有一个,所以同时能处理的请求也只有一个,只是线程在请求间不断地进行切换而已,主要原因是异步事件未准备好,而主动进行切换的。但是这里的切换是没有任何资源开销的,可以理解为循环处理多个准备好的事件。与多线程相比,这种事件处理方式是有很大优势的——这种方式不需要创建线程,每个请求占用的内存也很少,没有上下文切换,事件处理非常轻量级;并发数再多也不会导致无谓的资源浪费(上下文切换)。更多的并发数,只是会占用更多的内存。根据对连接数进行的测试,在 24GB 内存的机器上,处理的并发请求数达到过 200 万。现在的网络服务器基本都采用这种方式,这也是 Nignx 性能高效的主要原因。

前面还提到过,推荐设置工作进程的个数为 CPU 的核心数,在这里就很容易理解了,更多的工作进程数,只会导致进程来竞争 CPU 资源,从而带来不必要的上下文切换。而且,为了更好地利用多核特性,Nginx 提供了 CPU 亲缘性的绑定选项,我们可以将某一个进程绑定在某一个核上,这样就不会因为进程的切换带来缓存的失效。像这种小的优化在 Nginx 中非常常见,同时也说明了 Nginx 作者的苦心孤诣。比如,Nginx 在做 4 字节的字符串比较时,会将 4 个字符转换成一个 int 型,再作比较,以减少 CPU 的指令数等。

现在,知道了 Nginx 为什么会选择这样的进程模型与事件模型了。对于一个基本的 Web 服务器来说,事件通常有 3 种类型:网络事件、信号、定时器。由上面的介绍可知,网络事件通过异步非阻塞可以得到很好的处理。而对于信号和定时器的处理还需要进一步探索。

4. Nginx 信号与定时器处理机制

下面介绍 Nginx 对信号的处理机制。对 Nginx 来说,有一些特定的信号代表着特定的意义。信号会中断程序当前的运行,在改变状态后,继续执行。如果是系统调用,则可能会导致系统调用的失败,需要重入。关于信号的处理,可以查阅一些关于 Web 服务的专业书籍,此处不再赘述。对于 Nginx 来说,如果 Nginx 正在等待事件,这时程序收到信号,那么在信号处理函数处理完后,系统会返回错误,然后程序可再次进入等待调用状态。

另外,再来看看定时器。在调用 epoll 函数的时候可以设置一个超时时间,Nginx 可以借助这个超时时间来实现定时器。Nginx 中的定时器事件是放在一棵维护定时器的红黑树里面,每次在进入 epoll 等待前,先从该红黑树中得到所有定时器事件的最小时间,在计算出 epoll 等待的超时时间后进入。所以,当没有事件产生,也没有中断信号时,epoll 等待会超时,也就是说,定时器时间到了。这时,Nginx 会检查所有的超时事件,将它们的状态设置为超时,然后再去处理网络事件。由此可以看出,写 Nginx 代码时,在处理网络事件的回调函数时,通常做的第一个事情就是判断超时,然后再去处理网络事件。

4.2.2　Zuul 集群网关

目前在 Spring Cloud 中最常用的框架是 Zuul 框架,Zuul 是 Netflix 开源的一个 API Gateway 服务器,本质上是一个 Web Servlet 应用。Zuul 是在云平台上提供动态路由、监控、弹性、安全等边缘服务的框架,相当于设备和 Netflix 流应用的 Web 网站后端所有请求的前门。Zuul 的主要功能如图 4-15 所示。

(1)验证与安全保障。识别面向各类资源的验证要求并拒绝那些与要求不符的请求。

(2)审查与监控。在边缘位置追踪有意义的数据及统计结果,从而带来准确的生产状态结论。

(3)动态路由。以动态方式根据需要将请求路由至不同后端集群。

(4)压力测试。逐渐增加指向集群的负载流量,从而计算性能水平。

图 4-15　Zuul 的主要功能图

(5)负载分配。为每一种负载类型分配对应容量,并弃用超出限定值的请求。

(6)静态响应处理。在边缘位置直接建立部分响应,从而避免其流入内部集群。

(7)多区域弹性。跨越 AWS 区域进行请求路由,旨在实现 ELB 使用多样化并保证边缘位置与使用者尽可能接近。

（8）精确路由与压力测试。Netflix 公司还利用 Zuul 的功能基于金丝雀版本实现精确路由与压力测试。

Zuul 集群网关的实例如图 4-16 和图 4-17 所示。

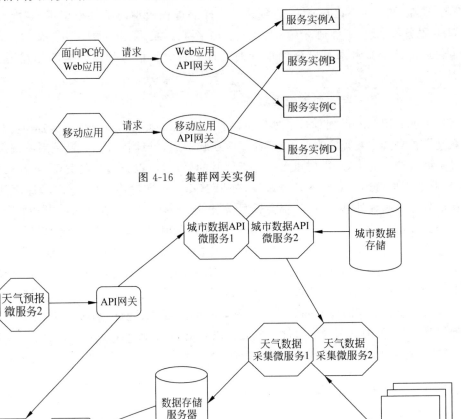

图 4-16　集群网关实例

图 4-17　微服务集群网关配置实例

1. 过滤器机制

Zuul 的核心是一系列的过滤器（filter），其作用可以类比 Servlet 框架的 Filter 或者 AOP。在 Zuul 把请求路由到用户处理逻辑的过程中，这些过滤器参与过滤处理，比如 Authentication、Load Shedding 等。Zuul 过滤器机制处理流程如图 4-18 所示。

Zuul 提供了一个框架，可以对过滤器进行动态的加载、编译、运行。

Zuul 的过滤器之间不会直接相互通信，它们之间通过一个静态类 RequestContext 来进行数据传递。RequestContext 类中的 ThreadLocal 变量用于记录每个请求所需要传递的数据。

Zuul 的过滤器由 Groovy 写成，这些过滤器文件被放在 Zuul 服务端上的特定目录下，Zuul 会定期轮询这些目录，修改过的过滤器会动态加载到 Zuul 服务端中以便过滤请求使用。

Zuul 大部分功能是通过过滤器来实现的。Zuul 中定义了 4 种标准过滤器类型，这些过滤器类型对应请求的典型生命周期。

（1）PRE：在请求被路由之前调用。可利用这种过滤器实现身份验证、在集群中选择

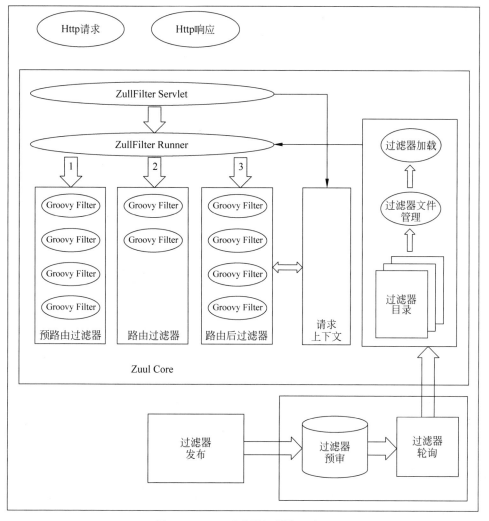

图 4-18　Zuul 过滤器机制处理流程

请求的微服务、记录调试信息等。

（2）ROUTING：将请求路由到微服务。这种过滤器用于构建发送给微服务的请求，并使用 Apache HttpClient 或 Netfilx Ribbon 请求微服务。

（3）POST：这种过滤器在路由到微服务以后执行，可用于为响应添加标准的 HTTP Header、收集统计信息和指标、将响应从微服务发送给客户端等。

（4）ERROR：在其他阶段发生错误时执行该过滤器。

Zuul 还提供了一类特殊的过滤器，分别为 StaticResponseFilter 和 SurgicalDebugFilter。

（1）StaticResponseFilter：StaticResponseFilter 允许从 Zuul 本身生成响应，而不是将请求转发到源。

（2）SurgicalDebugFilter：SurgicalDebugFilter 允许将特定请求路由到分隔的调试集群或主机。

除了默认的过滤器类型，Zuul 还允许创建自定义的过滤器类型。例如，可以定制一种 STATIC 类型的过滤器，直接在 Zuul 中生成响应，而不将请求转发到后端的微服务。

2. Zuul 请求的生命周期

Zuul 请求的生命周期如图 4-19 所示,详细描述了各种类型的过滤器的执行顺序。

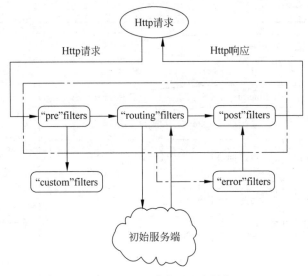

图 4-19　Zuul 请求的生命周期

API 网关在架构上需要额外考虑更多编排和管理,因为真实环境中有上百个 API 需要管理,工作量较大,在开发过程中需要对路由逻辑配置进行统一管理,对控制器的 URI 配置比较烦琐,一旦配置出现问题,可能引发单点故障。API 网关访问量非常大,对设计要求很高,一旦 API 网关不可用,会导致整个服务的崩溃。

使用 Zuul 集群网关的 Maven 依赖如下:

```
< dependency >
  < groupId > org. springframework. cloud </groupId>
  < artifactId > spring - cloud - starter - zuul </artifactId >
</dependency>
```

同时需要在 Boot 的启动类加入 @ EnableZuulProxy 注解,最后在 application. properties 文件中进行如下配置:

```
# 配置该网关的服务名
spring. application. name = gateway - service - zuul
# 配置应用服务端口
server. port = 8888
# 这里的配置表示,访问/re/ ** 直接重定向到 ms - data - getdata - server/ ** 服务下
zuul. routes. baidu. path = /re/ **
zuul. routes. baidu. serverId = ms - data - getdata - server/
```

4.3　微服务集群配置

微服务是以集群的方式架构起来的,不同业务功能之间共同组成一个强大的对外提供

服务的系统,但是不同业务之间的集群和配合对于整个系统的整体优化具有重要意义。

4.3.1 Spring Cloud Config 集群配置中心

在分布式系统中,由于服务数量非常多,为了方便服务配置文件的统一管理和实时更新,所以需要分布式配置中心组件。微服务中常用的集群配置中心为 Spring Cloud Config,下面详细介绍该组件的使用。

Spring Cloud Config 就是通常意义上的配置中心。Spring Cloud Config 把应用原本放在本地文件的配置抽取出来放在中心服务器,其本质是配置信息从本地迁移到云端,从而能够提供更好的管理、发布能力。

Spring Cloud Config 分为服务端和客户端,服务端负责将 git(svn)中存储的配置文件发布成 REST 接口,客户端可以从服务端 REST 接口获取配置。但客户端并不能主动感知配置的变化,从而主动去获取新的配置,这需要每个客户端通过 POST 方法触发各自的刷新功能。

Spring Cloud Config 配置种类可按不同分类方式进行划分。

(1)按照来源可分为源代码、文件、数据库链接、远程调用等。

(2)按照配置环境可以分为开发环境、测试环境、预发布环境、生成环境等。

(3)根据不同的软件生成阶段进行划分,每个阶段的配置情况不一样。在集成阶段可以分为编译、打包和运行,编译包括源代码和配置,并一起提交到代码仓库中;打包是在打包阶段通过某种形式将配置文件打包到应用程序中;运行是指在启动时在本地或者远程读取配置文件,而在开发时不用关心配置文件。

(4)按照加载方式可以分为启动加载和动态加载,启动加载是应用程序在启动时就对配置文件进行加载并且只获取一次,动态加载是指在应用程序运行过程中根据业务需求动态多次加载配置文件。

Spring Cloud 配置中心还应满足以下原则。

(1)在业务逻辑可能出现更改的地方尽量避免程序的硬编码,最好采用配置管理的形式实现业务功能。例如,数据库的连接地址、分页数据量大小等参数都应当写入配置文件中。

(2)配置文件的隔离性,主要是指不同应用间的配置内容应当是相互独立的,尤其是在微服务架构中,分布式系统运行时启动了大量的微服务,如果配置文件不能做到隔离,那么修改起来将是灾难性的。同时,不同环境之间也应当有较好的隔离性,例如,生产环境和开发环境之间的配置文件必须要独立,不能相互混淆。

(3)相同微服务的配置文件应该是一致的,前提是部署环境是一样的,一个微服务如果要实现高可用的水平扩展,那么必须保证启用不同实例时配置文件是一致的。

(4)集中化配置,集中化配置的目的是方便管理,能够通过统一的平台上对所有微服务实例进行配置。

4.3.2 ZooKeeper 集群管理

ZooKeeper 是一种分布式协调服务,用于管理大规模分布式部署条件下的主机。在大规模分布式环境中,各个服务之间的协调和管理是一个复杂的过程,尤其是对于实时运行要求比较高的系统,各个复杂耗时的计算服务要协调完成大规模的计算任务是非常困难的。ZooKeeper 通过其简单的架构和 API 解决了这个问题。ZooKeeper 使得开发人员能够专注于核心应用程序逻辑,而不必担心应用程序的分布式特性。

ZooKeeper 本质上是一个分布式的小文件存储系统,提供类似于文件系统的目录树方式的数据存储,并且可以对树中的节点进行有效管理,从而维护和监控存储数据的状态变化。通过监控数据状态的变化,实现基于数据的集群管理。诸如:统一命名服务(dubbo)、分布式配置管理(solr 的配置集中管理)、分布式消息队列(sub/pub)、分布式锁、分布式协调等功能。

ZooKeeper 的架构如图 4-20 所示。

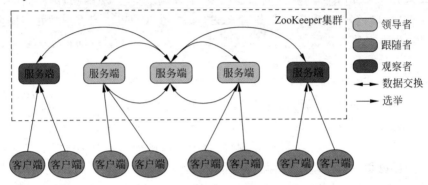

图 4-20　ZooKeeper 的架构

ZooKeeper 运行过程中主要包括 3 个角色,分别是领导者(Leader)、跟随者(Follower)和观察者(Observer),具体见图 4-21。

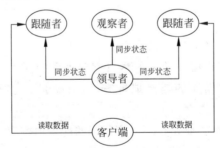

图 4-21　ZooKeeper 的不同角色

领导者是 ZooKeeper 集群工作的核心事务请求(写操作)的唯一调度和处理者,负责保证集群事务处理的顺序性。领导者对于 create、setData、delete 等有写操作的请求,会统一转发给调度者处理,领导者需要决定编号、执行操作,这个过程称为一个事务。领导者的作用是:在 ZAB 崩溃恢复之后,消息广播之前,进行集群中的数据同步,维持与跟随者的心跳,接收跟随者的请求消息,并根据不同的消息类型,进行不同的处理。

跟随者服务器为客户端提供读服务,参与领导者选举过程,参与写操作"过半写成功"策略。跟随者的主要任务包括处理客户端非事务(读操作)请求,转发事务请求给调度者、参与集群调度者选举、集群投票等。总的来说,跟随者主要有以下 4 个功能:

(1) 向领导者发送请求(PING 请求、REQUEST 消息、ACK 请求、REVALIDATE 消息)。

（2）接收领导者的消息并进行处理。

（3）接收客户端的请求，如果为写请求，则发送给领导者进行投票。

（4）向客户端返回请求结果。

值得注意的是，领导者和跟随者构成 ZooKeeper 集群的法定成员，只有它们参与新领导者的选举、相应领导者的提议。

针对访问量比较大的 ZooKeeper 集群，还可以新增观察者角色。

观察者观察 ZooKeeper 集群的最新状态变化并将这些状态同步过来。观察者对于非事务请求可以进行独立处理；对于事务请求，则会转发给调度者服务器。观察者不会参与任何形式的投票只提供服务，通常用于在不影响集群事务处理能力的前提下提升集群的非事务处理能力。观察者角色除了不参与领导者选举和投票外，与跟随者的作用相同。

ZooKeeper 中最重要的是领导者，领导者作为整个 ZooKeeper 集群的主节点，负责响应所有对 ZooKeeper 状态变更的请求。它会将每个状态更新请求进行排序和编号，以便保证整个集群内部消息处理的顺序性。这里补充介绍一下 ZooKeeper 的请求类型。对于 exists、getData、getChildren 等只读请求，收到该请求的 ZooKeeper 服务器将会在本地处理，因为由 ZAB 协议可知，每个服务器看到的名字空间内容都是一致的，无所谓在哪台机器上读取数据，因此如果 ZooKeeper 集群的负载是读多写少，并且读请求分布得比较均衡，那么效率是很高的。对于 create、setData、delete 等有写操作的请求，则需要统一转发给领导者处理，领导者需要决定编号、执行操作，这个过程称为一个事务（transaction）。ZooKeeper 事务和关系型数据库事务相似之处是都具备原子性，即整个事务（编号＋执行）要么一起成功要么一起失败。另外，事务还具备幂等性，即对一个事务执行多次，结果永远都是一致的。但 ZooKeeper 事务不具备关系型数据库事务的回滚机制，原因是不需要，因为 ZAB 协议已经保证消息是严格先来先服务的，并且只有一个领导者实际处理事务。

领导者的作用如此重要，那么对于领导者的选举算法就成为了核心。官方的报告中有 3 种选举算法，目前默认的算法是最快领导者选举算法（Fast Leader Election），另两种已经被标记为丢弃了。最快领导者选举算法分为两个过程。

第一个过程是启动时领导者选举，是在 ZooKeeper 集群初始化启动时执行的领导者选举。

在每个节点刚启动的时候，状态都是锁定（Locking）状态，然后就会开始选举。由于领导者选举至少需要两台服务器参与，所以一般会选举两台服务器组成服务器集群。当第一台服务器刚启动时，它自己无法进行也不需要领导者选举（可以把自己看作一个领导者），等待第二台服务器启动时，两台机器可以相互通信，才开始进行领导者选举。假设存在服务器 A 和服务器 B 两个服务集群需要选举领导者，其具体流程见算法 4.1。

算法 4.1　启动时领导者选举算法

步骤 1：每一个服务器都会发起一个投票，由于刚开始第一轮启动，所以都会选择自己。然后生成一个（myid，Zxid. epoch）消息，epoch 为 0，zxid 也为 0。此时假设服务器 A 先启动，则消息为（1，0），服务器 B 生成的消息为（2，0），然后将投票发给集群中的其他机器。

步骤 2：接收来自其他各个服务器的投票。集群中各个服务器接收到投票后，会先判断该投票的有效性，即检查版本是否本轮投票、是否来自处于锁定状态的服务器。

步骤 3：处理投票。先比较其他服务器的投票与自己的，比较顺序为：

(1) 优先检查 Zxid。Zxid 比较大的服务器优先作为领导者；

(2) 如果 Zxid 相同，则比较 myid。myid 较大的服务器作为领导者服务器。

对于服务器 A 而言，它的投票是(1,0)，接收服务器 B 的投票为(2,0)，首先会比较两者的 Zxid，若均为 0，则比较 myid，此时服务器 B 的 myid 最大，于是更新自己的投票为(2,0)，然后重新投票。

对于服务器 B 而言，它不需要更新自己的投票，只是再次向集群中所有机器发出上一次投票信息即可。

步骤 4：统计投票信息，每次投票后，服务器都会统计投票信息，判断是否已经有过半机器接收到相同的投票信息，如果不少于半数的服务器接收了相同的投票信息，便认为已经选出了领导者。对于服务器 A、服务器 B 而言，都统计出集群中已经有两台机器接收了(2,0)的投票信息，此时便认为已经选出了领导者。如果没有选举出领导者，则转入下一轮，epoch+1。

步骤 5：改变服务器状态。一旦确定了领导者，每个服务器就会更新自己的状态，如果是跟随者，则变更为 FOLLOWING；如果是领导者，则变更为 LEADING。

步骤 6：结束选举。转入运行时领导者选举算法。

当集群初始化完成后，会产生一个集群领导者，负责对外服务和数据的写入、服务的调度。当集群中的领导者服务器出现领导者宕机、超过一定负载或者超过预定运行时间情况时，那么整个集群将无法对外提供服务，而是进入新一轮的领导者选举，服务器运行期间的领导者选举和启动时期的领导者选举基本过程是一致的。

第二个过程是运行过程中的领导者选举，其步骤具体见算法 4.2。

算法 4.2　运行时领导者选举算法

步骤 1：变更状态。当系统检测到选举出来的领导者宕机、超过一定负载或者超过预定运行时间以后，余下的非观察者服务器都会将自己的服务器状态变更为锁定，然后开始进入选举过程。

步骤 2：发出投票。每台服务器都会进行一次投票。在运行期间，每台服务器上的 Zxid 不同，此时假定服务器 A 的 Zxid 为 123，服务器 B 的 Zxid 为 122；在第一轮投票中，服务器 A 和服务器 B 都会投自己，产生投票(1,123),(2,122)，然后各自将投票发送给集群中所有机器。

步骤 3：检查投票。服务器接收来自其他各个服务器上的投票。集群中各个服务器接收到投票后，会先判断该投票的有效性，即检查版本是否本轮投票、是否来自处于锁定状态的服务器。

步骤 4：处理投票。先比较其他服务器的投票与自己的投票，根据重新投票的原因，根据具体原因采取不同的比较投票处理策略：

(1) 如果是因为领导者服务器宕机产生的重新选举，则将原服务器设置为观察者，不再参与领导者选举，在剩下的非观察者中，采用与初始化服务器相同的策略。

(2) 如果是因为领导者服务器运行超过一定负载而进行的选举，则采取如下投票处理策略：

① 优先检查剩余服务器中,前一段时间的平均服务能力和负载。选择能力和负载比值(效能比)较大的服务器优先作为领导者。

② 如果存在能力和负载比值相同的多个领导者,则选择 Zxid 比较大的服务器优先作为领导者。

③ 如果 Zxid 仍相同,那么就比较 myid。myid 较大的服务器作为领导者服务器。

(3) 如果是因为超过一定的运行时间而需要的领导者选举,则采取如下投票处理策略:综合考虑效能比、服务稳定性等多个优化目标,采用最优化算法选举出多个目标同时为最优的服务器作为领导者。

步骤 5:统计投票信息,每次投票后,服务器都会统计投票信息,判断是否已经有过半机器接收到相同的投票信息,如果不少于半数的服务器接收了相同的投票信息,便认为已经选出了领导者。如果没有选举出领导者,则转入下一轮,epoch+1。

步骤 6:改变服务器状态。一旦确定了领导者,每个服务器就会更新自己的状态,如果是跟随者,则变更为 FOLLOWING;如果是领导者,则变更为 LEADING。

步骤 7:结束选举。

第5章

基于微服务的国产自主可控数据库实践

随着国际政治形势的风云突变,西方发达国家对我国的技术封锁日趋严重,这迫使我国开始在某些尖端技术领域研发自己的产品。作为关键技术之一,越来越多的科研院所开始了自主可控的数据库技术的研发,且已经在部分领域实现了国产化数据库的替代,并向着完全开源的可控数据库方向发展。在数据工程领域,很多科研院所也开始了对国产自主可控数据库使用的探索。本章选取目前业界最为流行的数据库,从安装与配置的角度出发,讲解国产自主数据库的使用。

5.1　微服务通用数据库配置与部署

5.1.1　离线安装 MySQL

下面以版本 5.6 为例介绍 MySQL 的安装过程。

(1) 下载安装包。

(2) 卸载系统自带的 Mariadb。查询已安装的 Mariadb:

```
rpm - qa|grep mariadb
```

卸载使用"rpm -qa|grep mariadb"命令查找到的所有文件。

```
rpm - e -- nodeps 文件名
```

(3) 删除 etc 目录下的 my.cnf 文件。

```
rm /etc/my.cnf
```

(4) 执行以下命令创建 mysql 用户组:

```
groupadd mysql
```

（5）执行以下命令创建一个名为 mysql 的用户，并将之加入 mysql 用户组：

```
useradd - g mysql mysql
```

（6）将下载的二进制压缩包放到/usr/local/目录下。

（7）解压安装包：

```
tar - zxvf mysql - 5.6.40 - linux - glibc2.12 - x86_64.tar.gz
```

（8）将解压后的文件夹重命名为 mysql：

```
mv mysql - 5.6.40 - linux - glibc2.12 - x86_64.tar.gz mysql
```

（9）在 etc 下新建配置文件 my.cnf，并在该文件内添加以下代码：

```
[mysql]
# 设置 MySQL 客户端默认字符集
default - character - set = utf8
socket = /var/lib/mysql/mysql.sock
[mysqld]
skip - name - resolve
# 设置 3306 端口
port = 3306
socket = /var/lib/mysql/mysql.sock
# 设置 MySQL 的安装目录
basedir = /usr/local/mysql
# 设置 MySQL 数据库的数据的存放目录
datadir = /usr/local/mysql/data
# 允许最大连接数
max_connections = 200
# 服务端使用的字符集默认为 8 比特编码的 latin1 字符集
character - set - server = utf8
# 创建新表时将使用的默认存储引擎
default - storage - engine = INNODB
lower_case_table_names = 1
max_allowed_packet = 16M
```

（10）创建步骤（9）中用到的目录并将其用户设置为 mysql：

```
mkdir /var/lib/mysql
mkdir /var/lib/mysql/mysql
chown - R mysql: mysql /var/lib/mysql
chown - R mysql: mysql /var/lib/mysql/mysql
```

（11）进入安装 mysql 目录：

```
cd /usr/local/mysql
# 修改当前目录拥有者为 mysql 用户
chown - R mysql: mysql ./
# 安装数据库
./scripts/mysql_install_db -- user = mysql
```

如果遇到运行安装 MySQL 报错，则安装 autoconf 库：

```
yum − y install autoconf
♯修改当前 data 目录拥有者为 mysql 用户
chown − R mysql: mysql data
```

5.1.2 集群配置整合应用

配置中心的主要任务是在远程配置目录下记录所有的配置变量，方便对所有应用进行统一管理。各个微服务的服务端无论部署在何地，都可以通过网络实现对服务统一的配置和管理。集群配置整合应用对微服务走向网络化、分布式的成熟应用具有重大意义。

下面通过在 Github 上构建的一个配置中心实例讲解集群配置中心的综合服务，包括了 Spring Cloud 配置中心服务端和 Spring Cloud 配置中心客户端。

1. 远程服务中心构建

首先在 Github 上构建远程服务中心，并构建一个配置文件目录 eureka-client-config-client-dev. properties，构建配置文件 serverport＝8818。需要说明的是，为了满足前面所讲的集群配置中心的基本要求并便于开发和运维人员阅读，配置文件的命名是有规律的，目前公认的命名规则如下：

```
/{application}/{profile}[/{label}]
/{application} − {profile}.yml
/{label}/{application} − {profile}.yml
/{application} − {profile}.properties
/{label}/{application} − {profile}.properties
```

其中，application 表示应用的命名，profile 表示对应用程序开发不同阶段标识，label 表示程序开发的解释。

2. 服务注册中心构建

下面用 Spring Cloud 配置中心实现服务端。

（1）Spring Cloud 配置中心服务端的 Maven 依赖为：

```
< dependency >
< groupId > org. springframework. cloud </groupId >
< artifactId > spring − cloud − config − server </artifactId >
</dependency >
```

（2）其本地工程配置文件为：

```
spring. application. name: eureka − client − config − server
eureka. server. hostname: localhost
eureka. client. serviceUrl. defaultZone: http:// $ {eureka. server. hostname}: 8761/eureka/
♯启用的端口号
server. port: 8888
♯远程中心地址
spring. cloud. config. server. git. uri = https://github. com/mawubin/spring − cloud − weather −
config − center
```

```
spring.cloud.config.server.git.search-paths = springcloudconfig
# spring.cloud.config.label = master
# 如果是私有库需要配置用户名和密码
# spring.cloud.config.server.git.username = mXX
# spring.cloud.config.server.git.password = maXX
```

（3）在 Spring Boot 主入口配置@EnableConfigServer 注解到启动程序：

```
@EnableConfigServer
@SpringBootApplication
public class ConfigServerApplication {
  public static void main(String[] args) {
    SpringApplication.run(ConfigServerApplication.class, args);
  }
}
```

3. 服务注册客户端构建

（1）Spring Cloud 配置中心服务端的 Maven 依赖为：

```
<dependency>
<groupId> org.springframework.cloud </groupId>
<artifactId> spring-cloud-config-client </artifactId>
</dependency>
```

（2）本地工程配置文件为：

```
spring.application.name: eureka-client-config-client
eureka.server.hostname: localhost
eureka.client.serviceUrl.defaultZone: http://${eureka.server.hostname}: 8761/eureka/

server.port: 8889
# 配置 Spring Cloud Config server 地址
spring.cloud.config.profile = dev
spring.cloud.config.uri = http://localhost: 8888/
```

（3）入口程序不需要特殊配置，只作为一个普通的 Eureka 客户端配置即可。

（4）通过以上配置，启动 Spring Cloud 配置中心服务端，这样在客户端就能够获取远程配置中心的参数了。获取的方式为：Value 注解。具体形式如下：

```
@Value(" ${serverport}")
  private String serverport;
```

上述代码的功能是将远程配置中心的 serverport 值读取到私有变量中。

5.1.3　配置 MySQL

（1）授予 my.cnf 最大权限。

```
chown 777/etc/my.cnf
```

（2）复制启动脚本到资源目录。

```
cp ./support-files/mysql.server /etc/rc.d/init.d/mysqld    #如果没有 rc.d,那么直接输入/
etc/init.d/mysqld 即可
```

（3）增加 mysqld 服务控制脚本执行权限。

```
chmod +x /etc/rc.d/init.d/mysqld
```

（4）将 mysqld 服务加入到系统服务。

```
chkconfig -- add mysqld
```

（5）检查 mysqld 服务是否已经生效。

```
chkconfig -- list mysqld
```

上述命令可输出类似下面的结果：

```
mysqld 0: off 1: off 2: on 3: on 4: on 5: on 6: off
```

（6）启动 MySQL(停止 mysqld 服务：service mysqld stop)。

```
service mysqld start
```

（7）将 MySQL 的 bin 目录加入 PATH 环境变量,编辑/etc/profile 文件。

```
vi /etc/profile
```

在文件最后添加如下信息：

```
export PATH = $ PATH: /usr/local/mysql/bin
```

执行下面的命令使所做的更改生效：

```
source /etc/profile
```

（8）以 root 账户登录 MySQL,默认是没有密码的(直接回车)。

```
mysql -u root -p
```

（9）设置 root 账户密码。注意,应将下面的"you password"改成修改后的密码。

```
use mysql;
update user set password = password('you password') where user = 'root'and host = 'localhost';
```

（10）设置远程主机登录。注意,应将下面的"your username"和"your password"改成需要设置的用户和密码。

```
GRANT ALL PRIVILEGES ON *.* TO'your username'@'%' IDENTIFIED BY 'your password' WITH GRANT
OPTION;
FLUSH PRIVILEGES ;
```

5.2　达梦数据库的配置与部署

5.2.1　安装简介

达梦数据库管理系统是基于客户/服务器方式的数据库管理系统,可以安装在多种计算机操作系统平台上,典型的操作系统有 Windows(Windows 2000/2003/XP/Vista/7/8/10/Server 等)、Linux、HP-UNIX、Solaris、FreeBSD 和 AIX 等。对于不同的系统平台,有不同的安装步骤。

5.2.2　硬件环境需求

用户应根据达梦数据库及应用系统的需求选择合适的硬件配置,如 CPU 的指标、内存及磁盘容量等。配置指标应尽可能高,尤其是作为数据库服务器的机器,基于 Java 的程序运行时最好有较大的内存。其他设备如 UPS 等在重要应用中也应考虑配备。表 5-1 给出了安装达梦数据库所需的硬件基本配置。

表 5-1　达梦数据库安装硬件基本要求

硬　件	要　求
CPU	Intel Pentium4(建议 Pentium 41.6G 以上)处理器
内存	256MB(建议 512MB 以上)
硬盘	5GB 以上可用空间
网卡光驱	10Mbps 以上支持 TCP/IP 的网卡、32 倍速以上光驱
显卡支持	1024×768×256 以上,彩色显示
显示器	SVGA 显示器
键盘鼠标	普通键盘/鼠标

5.2.3　软件环境需求

运行达梦数据库所要求的软件环境如表 5-2 所示。

表 5-2　达梦数据库安装软件基本要求

软件环境	要　求
操作系统	Windows(简体中文服务器版 SP2 以上)/Linux(GLIBC 2.3 以上,内核 2.6,已安装 KDE/GNOME 桌面环境,建议预先安装 UNIX ODBC 组件)
网络协议	TCP/IP
系统盘	至少 1GB 的剩余空间

5.2.4 达梦数据库的安装

1. 检查操作系统信息

用户在安装达梦数据库前,需要检查当前操作系统的相关信息,确认达梦数据库安装程序与当前操作系统匹配,以保证达梦数据库能够正确安装和运行。用户可以使用如图 5-1 所示的命令检查操作系统的基本信息,命令执行后得到图 5-2 所示的结果。

```
#获取系统位数
getconf LONG_BIT
#查询操作系统 release 信息
lsb_release -a
#查询系统信息
cat /etc/issue
#查询系统名称
uname -a
```

图 5-1　检查操作系统相关命令

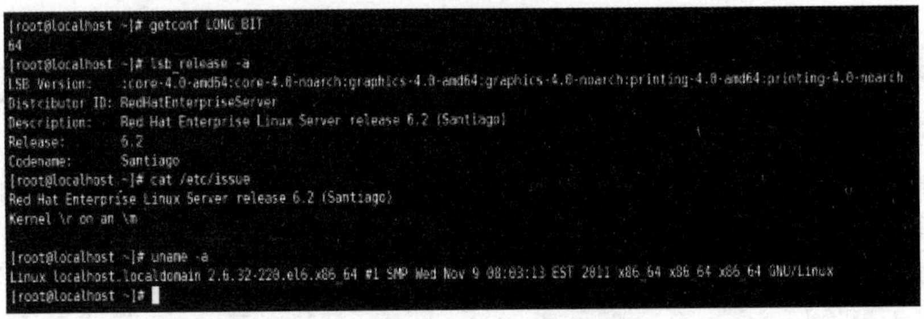

图 5-2　检查当前操作系统信息

2. 创建安装用户

为了减少对操作系统的影响,用户不应该以 root 系统用户身份来安装和运行达梦数据库。用户可以在安装之前为达梦数据库创建一个专用的系统用户。

(1) 创建安装用户组 dinstall。

```
groupadd dinstall
```

(2) 创建安装用户 dmdba。

```
useradd - g dinstall - m - d /home/dmdba - s /bin/bash dmdba
```

(3) 初始化用户密码 dmdba。

```
passwd dmdba
```

(4) 通过系统提示进行密码设置。

注意:安装系统用户创建完成后,其后的手册中要求的操作默认使用已安装系统用户。

3. 在 Linux(UNIX)下检查操作系统限制

在 Linux(UNIX)系统中,因为 ulimit 命令的存在,会对程序使用操作系统资源进行限制。为了使达梦数据库能够正常运行,建议用户检查当前安装用户的 ulimit 参数。

运行"ulimit -a"进行查询。检查安装用户的 ulimit 参数,如图 5-3 所示。

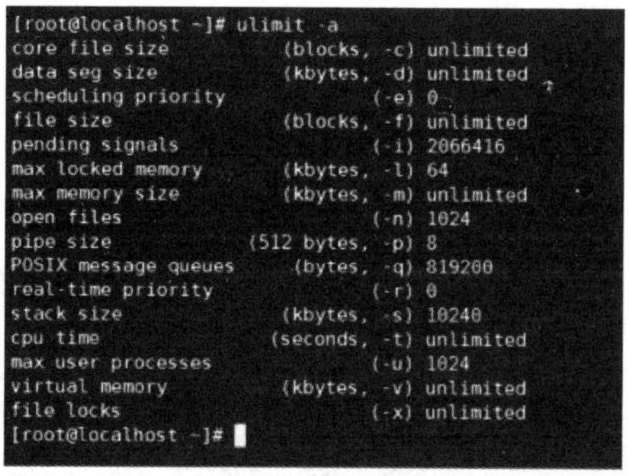

图 5-3　检查安装用户的 ulimit 参数

ulimit 参数的使用限制包括如下几方面。

(1) data seg size,建议用户设置为 1048576(即 1GB)以上或 unlimited(无限制),此参数过小将导致数据库启动失败。

```
data seg size (kbytes, - d)
```

(2) file size,建议用户设置为 unlimited(无限制),此参数过小将导致数据库安装或初始化失败。

```
file size(blocks, - f)
```

(3) open files,建议用户设置为 65536 以上或 unlimited(无限制)。

```
open files( - n)
```

(4) virtual memory,建议用户设置为 1048576(即 1GB)以上或 unlimited(无限制),此参数过小将导致数据库启动失败。

```
virtual memory (kbytes, - v)
```

如果用户需要为当前安装用户更改 ulimit 的资源限制,则应修改如下文件:

```
/etc/security/limits.conf
```

4. 检查系统内存与存储空间

1)检查内存

为了保证达梦数据库的正确安装和运行,要尽量保证操作系统有至少 1GB 的可用内存(RAM)。如果可用内存过小,可能导致达梦数据库安装或启动失败。可以使用以下命令检查内存大小,如图 5-4 所示。

```
#获取内存总大小
grep MemTotal /proc/meminfo
#获取交换分区大小
grep SwapTotal /proc/meminfo
#获取内存使用详情
Free
```

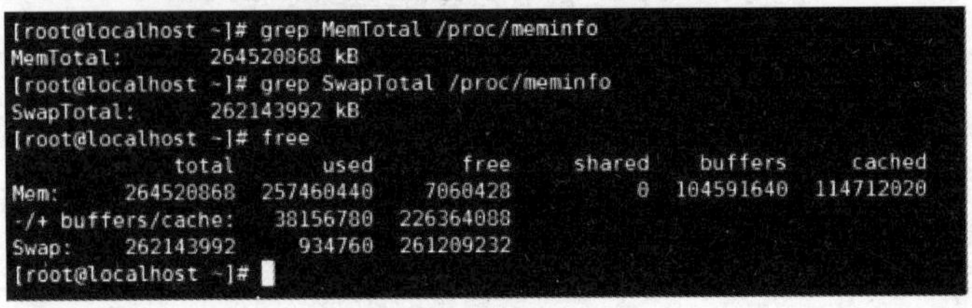

```
[root@localhost ~]# grep MemTotal /proc/meminfo
MemTotal:       264520868 kB
[root@localhost ~]# grep SwapTotal /proc/meminfo
SwapTotal:      262143992 kB
[root@localhost ~]# free
              total       used       free     shared    buffers     cached
Mem:      264520868  257460440    7060428          0  104591640  114712020
-/+ buffers/cache:   38156780  226364088
Swap:     262143992     934760  261209232
[root@localhost ~]#
```

图 5-4　检查内存大小

2）检查存储空间

（1）达梦数据库完全安装需要 1GB 的存储空间，用户需要提前规划好安装目录，预留足够的存储空间。在达梦数据库安装前用户还应该为数据库实例预留足够的存储空间，规划好数据路径和备份路径。可使用以下命令检查存储空间：

```
#查询目录/mount_point/dir_name 可用空间
df − h /mount_point/dir_name
```

（2）达梦数据库安装程序在安装时将产生临时文件，临时文件需要 1GB 的存储空间，临时文件的存放目录默认为/tmp。此时存储空间如图 5-5 所示。

```
[root@localhost ~]# df -h /tmp
文件系统          容量  已用  可用 已用%% 挂载点
/dev/sda1         193G  163G   20G   90% /
[root@localhost ~]#
```

图 5-5　检查存储空间

如果/tmp 目录不能保证提供 1GB 的存储空间，则可以扩展/tmp 目录存储空间或者通过设置环境变量 DM_INSTALL_TMPDIR 指定安装程序的临时目录。具体命令如下：

```
#以 BASH 为例：
mkdir − p /mount_point/dir_name
DM_INSTALL_TMPDIR = /mount_point/dir_name
export DM_INSTALL_TMPDIR
```

5. 安装达梦数据库

用户应登录或切换到安装系统用户，进行以下安装步骤的操作（注：不建议使用 root 系统用户进行安装）。

将达梦数据库安装光盘放入光驱，然后加载（mount）光驱。一般可以通过执行下面的命令来加载光驱：

```
mount /dev/cdrom /mnt/cdrom
```

这里假定光驱对应的文件为/dev/cdrom 且目标路径/mnt/cdrom 已存在。

加载光驱后,可以看到在/mnt/cdrom 目录下存在 DMInstall. bin 文件,DMInstall. bin 文件就是达梦数据库的安装程序。在运行安装程序前,需要赋予 DMInstall. bin 文件执行权限。具体命令如下:

```
chmod 755 ./DMInstall.bin
```

1) 图形化安装

用户双击 DMInstall. bin 或执行以下命令将启动达梦数据库的图形化安装。

```
./DMInstall.bin
```

安装须知:

(1)用户在进行图形化安装时,应当确认当前正处于图形化界面的运行环境,否则运行安装程序将报错。在这种情况下,建议用户使用命令行安装达梦数据库。

(2)建议用户使用安装系统用户直接登录。如果用户在图形化界面中使用 su 命令切换至安装系统用户,则可能导致启动图形化安装程序启动失败。

安装过程如下所述。

步骤 1,提示对话框,如果当前操作系统中已存在达梦数据库,则弹出提示对话框,如图 5-6 所示。

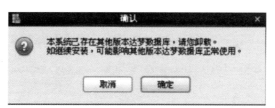

图 5-6　达梦数据库安装前提示对话框

注意:如果系统中已安装达梦数据库,那么在重新安装前,应完全卸载原来的达梦数据库,并且在重新安装前务必备份好数据。

步骤 2,选择语言和时区。请根据系统配置选择相应的语言与时区,单击"确定"按钮继续安装,如图 5-7 所示。

步骤 3,欢迎页面。单击"开始"按钮继续安装,如图 5-8 所示。

步骤 4,许可证协议。在安装和使用达梦数据库之前,需要用户阅读许可协议条款,用户如接受该协议,则选中"接受"单选按钮,并单击"下一步"按钮继续安装;用户若选中"不接受"单选按钮,将无法进行安装。如图 5-9 所示。

图 5-7　选择语言和时区

步骤 5,查看版本信息。用户可以查看达梦数据库服务器、客户端等各组件相应的版本信息,如图 5-10 所示。

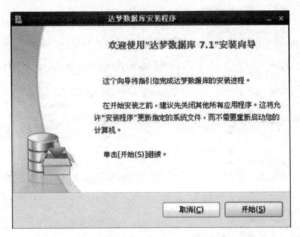

图 5-8　进入安装向导欢迎页面

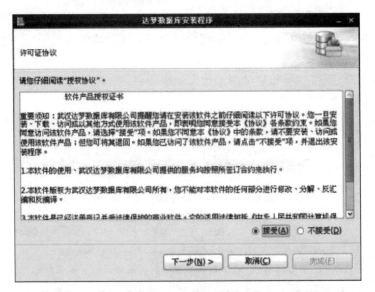

图 5-9　许可证协议

图 5-10　显示当前达梦数据库版本信息

　　步骤 6,验证 Key 文件。单击"浏览"按钮,选取 Key 文件,安装程序将自动验证 Key 文件信息。如果是合法的 Key 文件且在有效期内,则可以单击"下一步"按钮继续安装,如图 5-11 所示。

图 5-11　验证 Key 文件信息

　　步骤 7,选择安装方式。达梦数据库安装程序提供 4 种安装方式:"典型安装""服务器安装""客户端安装""自定义安装",用户可根据实际情况灵活选择。如图 5-12 所示,典型安装包括服务器、客户端、驱动、用户手册、数据库服务;服务器安装包括服务器、驱动、用户手册、数据库服务;客户端安装包括客户端、驱动、用户手册;自定义安装可以根据用户需要选择组件,可以是服务器、客户端、驱动、用户手册、数据库服务中的任意组合。

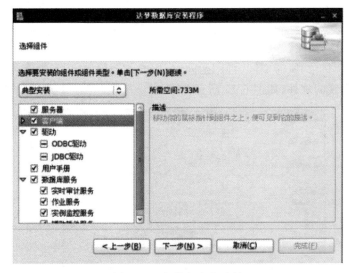

图 5-12　安装方式的选择

　　一般情况下,作为服务器端的机器只需选择"服务器安装"选项;特殊情况下,服务器端的机器也可以作为客户机使用,这时,机器必须安装相应的客户端软件。

步骤 8,选择安装目录,如图 5-13 所示。

图 5-13　安装目录的选择

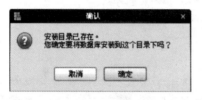

图 5-14　警告消息框

达梦数据库默认安装目录为/home/dmdba/ dmdbms(如果安装用户为 root 系统用户,则默认安装目录为/opt/dmdbms,但不建议使用 root 系统用户来安装达梦数据库),用户可以通过单击"浏览"按钮自定义安装目录。如果用户所指定的目录已经存在,则弹出如图 5-14 所示的警告消息框提示用户该路径已经存在。

若确定在指定路径下安装则单击"确定"按钮,此时该路径下已经存在的达梦数据库的某些组件将会被覆盖;否则单击"取消"按钮,返回到如图 5-13 所示界面,重新选择安装目录。

说明:安装路径里的目录名由英文字母、数字和下画线等组成,不建议使用包含空格和中文字符的路径。

步骤 9,安装前小结。显示用户即将进行的安装的有关信息,例如,产品名称、版本信息、安装类型、安装目录、所需空间、可用空间、可用内存等信息,用户检查无误后单击"安装"按钮,开始复制安装的软件,如图 5-15 所示。

图 5-15　显示达梦数据库安装相关信息

步骤 10,安装过程如图 5-16 所示。

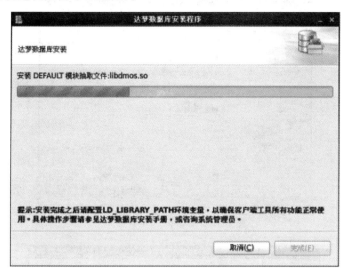

图 5-16 安装进度显示

注意:当安装过程完成时将会弹出对话框(见图 5-17),提示使用 root 系统用户执行相关命令。用户可根据对话框的说明完成相关操作,之后可关闭此对话框,单击"完成"按钮结束安装。

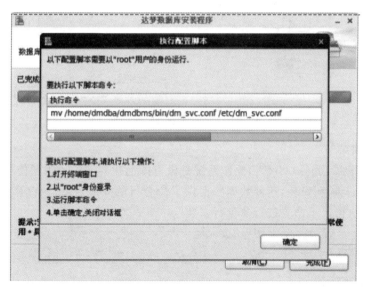

图 5-17 执行配置脚本命令

步骤 11,初始化数据库。如用户在选择安装组件时选中了服务器组件,那么达梦数据库安装过程结束时,将会提示是否初始化数据库,如图 5-18 所示。若用户未安装服务器组件,则安装完成后,单击"完成"按钮将直接退出,单击"取消"按钮将完成安装,关闭对话框。

若用户选中"创建数据库实例"单选按钮,则单击图 5-18 中的"初始化"按钮将弹出如图 5-19 所示的数据库配置工具。

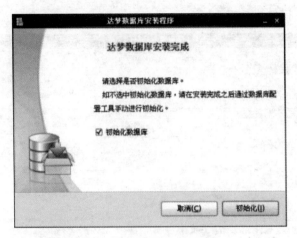

图 5-18　初始化达梦数据库

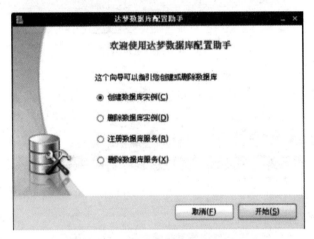

图 5-19　创建达梦数据库实例

2）命令行安装

在现实中，许多 Linux(UNIX)操作系统是没有图形化界面的。为了使达梦数据库能够在这些操作系统上顺利安装，达梦数据库提供了命令行的安装方式。在终端上进入安装程序所在文件夹，执行以下命令进行命令行安装：

```
./DMInstall.bin - i
```

安装过程如下所述。

步骤 1，选择安装语言。根据系统配置选择相应语言，输入选项，按 Enter 键进行下一步，如图 5-20 所示。

图 5-20　选择安装语言

如果当前操作系统中已存在达梦数据库，那么将在终端弹出提示，输入选项 Y/y 继续，将进行下一步的命令行安装，否则退出命令行安装，如图 5-21 所示。

图 5-21　终端提示信息

注意：若操作系统中已安装了达梦数据库，则在重新安装前，应完全卸载已存在的达梦数据库，并且务必备份好数据。

步骤 2，验证 Key 文件。用户可以选择是否输入 Key 文件路径。若不输入则进入下一步安装；若输入 Key 文件路径，则安装程序将显示 Key 文件的详细信息，如果是合法的 Key 文件且在有效期内，那么用户可以继续安装，如图 5-22 所示。

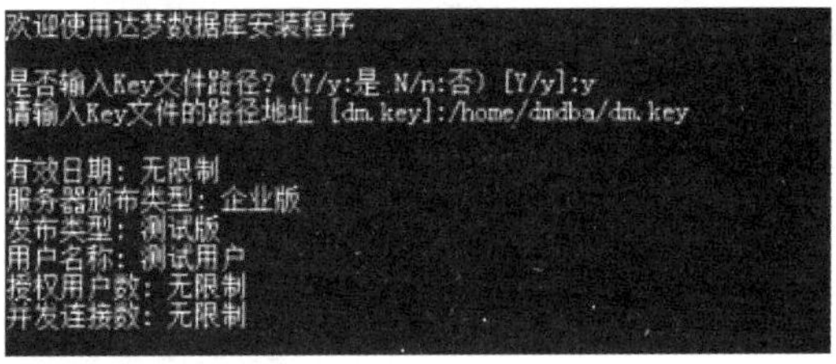

图 5-22　命令行验证 Key 文件

步骤 3，输入时区。用户可以选择达梦数据库的时区信息，如图 5-23 所示。

步骤 4，选择安装类型。命令行安装与图形化安装选择的安装类型是一样的，如图 5-24 所示。

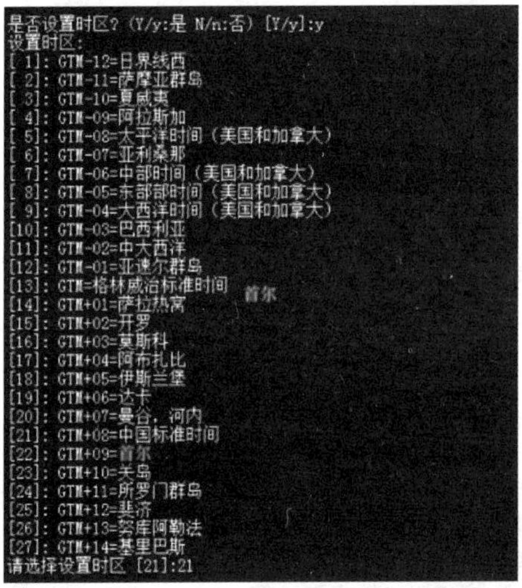

图 5-23　命令行时区选择　　　　图 5-24　命令行安装类型选择

用户选择安装类型时需要手动输入，默认是典型安装。如果用户选择了自定义安装，那么将输出全部安装组件信息；然后用户通过命令行窗口输入要安装的组件序号，选择多个安装组件时需要使用空格进行间隔；输入完需要安装的组件序号后按回车键，将输出安装选择组件所需要的存储空间大小。

步骤 5，选择安装路径。用户可以输入达梦数据库的安装路径，若不输入则使用默认路径，默认值为/home/dmdba/dmdbms（如果安装用户为 root，则默认安装目录为/opt/dmdbms，但不建议使用 root 系统用户身份来安装达梦数据库），如图 5-25 所示。

请选择安装目录 [/home/dmdba/dmdbms]:/home/dmdba/dmdbms
可用空间：7963M
是否确认安装路径? (Y/y:是 N/n:否) [Y/y]:y

图 5-25　命令行安装路径选择

安装程序将输出当前安装路径的可用空间。如果空间不足,那么用户需要重新选择安装路径。如果当前安装路径可用空间足够,那么用户需要进行确认。若不确认,则重新选择安装路径;确认后进入下一步骤。

步骤 6,安装前小结。安装程序将输出用户之前输入的部分安装信息,如图 5-26 所示。

用户对安装信息进行确认。若不确认,则退出安装程序;确认后进行达梦数据库的安装。

步骤 7,安装。安装完成后,终端提示"请以 root 系统用户执行命令"。由于使用非 root 系统用户进行安装,所以部分安装步骤没有相应的系统权限,需要用户手动执行相关命令。用户可根据提示完成相关操作,如图 5-27 所示。

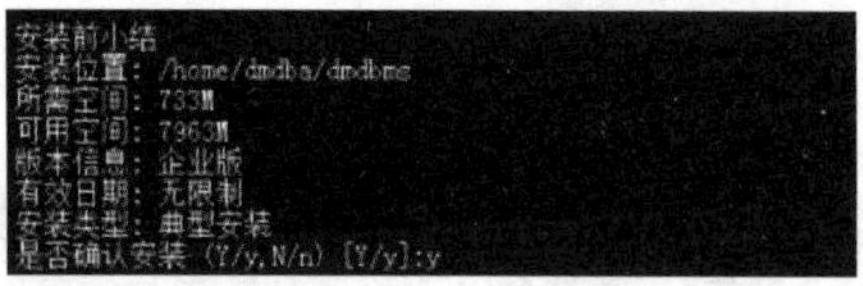

安装前小结
安装位置：/home/dmdba/dmdbms
所需工间：733M
可用空间：7963M
版本信息：企业版
有效日期：无限制
安装类型：典型安装
是否确认安装 (Y/y,N/n) [Y/y]:y

图 5-26　命令行安装确认

```
2016-08-09 04:20:27
[INFO] 安装达梦数据库...
2016-08-09 04:20:27
[INFO] 安装 default 模块...
2016-08-09 04:20:37
[INFO] 安装 server 模块...
2016-08-09 04:20:37
[INFO] 安装 client 模块...
2016-08-09 04:20:47
[INFO] 安装 drivers 模块...
2016-08-09 04:20:47
[INFO] 安装 manual 模块...
2016-08-09 04:20:47
[INFO] 安装 service 模块...
2016-08-09 04:20:52
[INFO] 移动ant日志文件...
2016-08-09 04:20:52
[INFO] 安装达梦数据库完成。

请以root系统用户执行命令:
mv /home/dmdba/dmdbms/bin/dm_svc.conf /etc/dm_svc.conf

安装结束
```

图 5-27　命令行安装过程显示

3）静默安装

在某些特殊应用场景,可能需要以非交互方式通过配置文件进行达梦数据库的安装,在这种情况下可以采用静默安装的方式。如图 5-28 所示,在终端进入到安装程序所在的文件夹,执行以下命令:

```
./DMInstall.bin -q 配置文件全路径
```

```
[dmdba@localhost ~]$ ./DMInstall.bin -q /home/dmdba/auto_install.xml
解压安装程序........
2016-08-08 10:32:56
[INFO] 安装达梦数据库...
2016-08-08 10:32:56
[INFO] 安装 default 模块...
2016-08-08 10:33:08
[INFO] 安装 server 模块...
2016-08-08 10:33:09
[INFO] 安装 client 模块...
2016-08-08 10:33:17
[INFO] 安装 drivers 模块...
2016-08-08 10:33:18
[INFO] 安装 manual 模块...
2016-08-08 10:33:22
[INFO] 安装 service 模块...
2016-08-08 10:33:30
[INFO] 移动ant日志文件。
2016-08-08 10:33:30
[INFO] 安装达梦数据库完成。

请以root系统用户执行命令:
mv /home/dmdba/dmdbms/bin/dm_svc.conf /etc/dm_svc.conf
[dmdba@localhost ~]$
```

图 5-28　命令行静默安装

备注：静默安装完成后，终端提示"请以 root 系统用户执行命令"。

由于使用非 root 系统用户进行安装，所以部分安装步骤没有相应的系统权限，需要用户手动执行相关命令。用户可根据提示完成相关操作。

5.2.5　达梦数据库的卸载

达梦数据库提供的卸载程序将全部卸载已安装内容。在 Linux 系统下有两种卸载方式：一种是图形化卸载方式，另一种是命令行卸载方式。

1. 图形化卸载

用户在达梦数据库安装目录下，找到卸载程序 uninstall.sh 来执行卸载。用户执行以下命令启动图形化卸载程序。

```
#进入达梦数据库安装目录
cd /DM_INSTALL_PATH
#执行卸载脚本./uninstall.sh
```

卸载步骤具体如下所述。

步骤 1，运行卸载程序。程序将会弹出提示框确认是否卸载程序，如图 5-29 所示。单击"确定"按钮进入卸载页面；单击"取消"按钮退出卸载程序。

步骤 2，进入卸载页面，显示达梦数据库的卸载目录信息。单击"卸载"按钮，开始卸载达梦数据库，如图 5-30 所示。

图 5-29　确认是否卸载达梦数据库

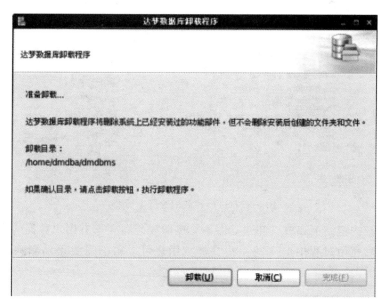

图 5-30　卸载目录信息显示

步骤 3，卸载。显示卸载进度，如图 5-31 所示。

在 Linux(UNIX)系统下，使用非 root 用户身份卸载完成时，将会弹出对话框，提示使

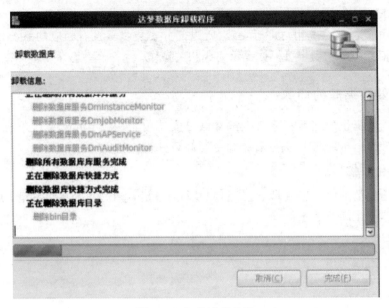

图 5-31　卸载进度显示

用 root 用户身份执行相关命令，用户可根据对话框的说明完成相关操作，之后可关闭此对话框，如图 5-32 所示。

图 5-32　执行卸载配置脚本命令

单击"完成"按钮结束卸载。卸载程序不会删除安装目录下有用户数据的库文件以及安装达梦数据库后使用过程中产生的一些文件。用户可以根据需要手动删除这些内容。如图 5-33 所示。

2. 命令行卸载

用户在达梦数据库安装目录下，找到卸载程序 uninstall.sh 来执行卸载。用户执行以下命令启动命令行卸载程序。

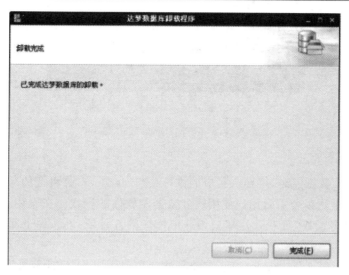

图 5-33　达梦数据库卸载完成

```
#进入 DM 安装目录
cd /DM_INSTALL_PATH
#执行卸载脚本命令行卸载需要添加参数－i
./uninstall.sh － i
```

卸载步骤具体如下所述。

步骤 1,运行卸载程序。终端窗口将提示确认是否卸载程序,输入"y/Y"开始卸载达梦数据库,输入"n/N"退出卸载程序,如图 5-34 所示。

[dmdba@localhost dmdbms]$ ./uninstall.sh -i
请确认是否卸载达梦数据库 [y/Y 是 n/N 否]:

图 5-34　命令行卸载命令

步骤 2,卸载。显示卸载进度,如图 5-35 所示。

[dmdba@localhost dmdbms]$ ./uninstall.sh -i
请确认是否卸载达梦数据库 [y/Y 是 n/N 否]: y

正在删除快捷方式
删除快捷方式完成
正在删除所有数据库库服务
删除数据库服务DmInstanceMonitor
删除数据库服务DmJobMonitor
删除数据库服务DmAPService
删除数据库服务DmAuditMonitor
删除所有数据库服务完成
正在删除数据库目录
删除bin目录
删除bin目录完成
删除bin2目录
删除bin2目录完成
删除include目录
删除include目录完成
删除desktop目录
删除desktop目录完成
删除doc目录
删除doc目录完成
删除jdbc目录
删除jdbc目录完成

图 5-35　命令行卸载进度显示

在 Linux(UNIX)系统下,使用非 root 用户身份卸载完成时,终端提示"请以 root 系统用户执行命令"。用户需要手动执行相关命令,如图 5-36 所示。

图 5-36　以 root 用户身份执行相关命令

5.2.6　许可证安装

用户安装达梦数据库时,可导入相应的许可证(License)。许可证的载体是一个加密文件 dm.key,内容是达梦公司对用户使用达梦数据库软件的授权。在安装了达梦数据库后,如果需要得到更多授权,可联系达梦公司获取相应的许可证,并按照下面的操作方法进行安装。

用户获得许可证文件 dm.key 后,首先将达梦数据库服务器关闭,然后将 dm.key 复制到达梦数据库的安装目录下达梦数据库服务器所在的子目录中。这与 Windows 下许可证的安装类似。

操作方法如下:

(1) 找到达梦数据库服务器所在的目录,方法是以 root 用户或安装用户身份登录到 Linux 系统,启动终端,执行以下命令即可进入达梦数据库服务器程序安装的目录:

```
#注:假设安装目录为/opt/dmdbms
cd /opt/dmdbms/bin
```

(2) 先将达梦服务器关闭,再将 dm.key 文件复制到该目录,替换原有的 dm.key 即可。

说明:应事先对该目录下原有的 dm.key 文件做好备份。

5.3　神通数据库配置与部署

5.3.1　启动安装程序

以 root 身份登录操作系统,打开 ShenTong7.0.8_pack20190314_Arm64 安装包,赋予 setup.sh root 权限(chmod 777 setup.sh),然后运行 setup.sh,打开安装程序。

5.3.2　安装过程

欢迎使用界面如图 5-37 所示。根据需要选择安装语言,选定后单击"确定"按钮,稍后出现的安装程序界面将显示为相应的语言,如图 5-38 所示。

1. 用户须知

"用户须知"部分显示神通数据库管理系统的用户须知信息和产品介绍。

2. 许可协议

"许可协议"部分显示神通数据库管理系统的软件许可协议内容,请认真阅读并在选择"本人接受许可协议条款"后继续进行神通数据库管理系统的安装。

图 5-37　神通数据库欢迎使用界面图

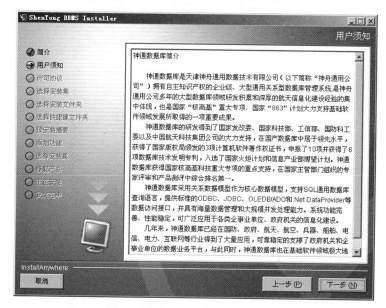

图 5-38　神通数据库安装程序界面

图 5-39 为"许可协议"界面。

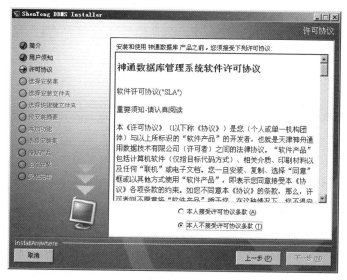

图 5-39　"许可协议"界面

3. 选择安装集

神通数据库管理系统的产品安装集有以下 3 种：

(1) 选择"完全安装"，将安装神通数据库管理系统的全部组件。

(2) 选择"仅客户端安装"，只安装神通数据库管理系统客户端相关组件。

(3) 若需挑选组件进行安装，则选择"自定义"，单击"下一步"按钮，将显示组件选择界面。

图 5-40 为"选择安装集"界面。

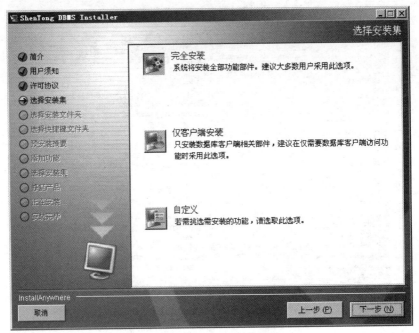

图 5-40　"选择安装集"界面

4. 选择安装文件夹

请输入或选择安装文件夹的完整路径。如果路径输入错误，则弹出相应的错误提示信息。

图 5-41 为选择安装集的组件选择界面。

图 5-42 为选择安装文件夹界面。

安装文件夹错误界面如图 5-43 所示。

5. 选择快捷键文件夹

在"选择快捷键文件夹"部分可以指定神通数据库管理系统产品快捷图标创建的位置。在不同操作系统下该界面显示的内容有所不同，请根据界面提示进行操作。

"选择快捷键文件夹"界面如图 5-44 所示。

6. 预安装摘要

开始执行安装操作前，安装程序会显示神通数据库管理系统安装的摘要信息。

"预安装摘要"界面如图 5-45 所示，单击"安装"按钮，开始产品安装进程。

图 5-41　"选择安装集-组件选择"界面

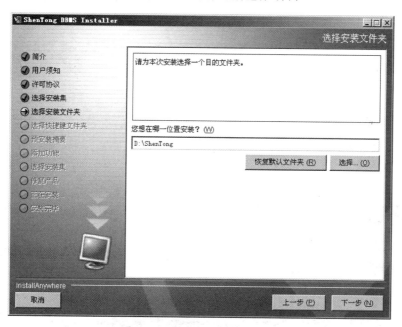

图 5-42　"选择安装文件夹"界面

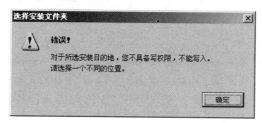

图 5-43　安装文件夹错误提示界面

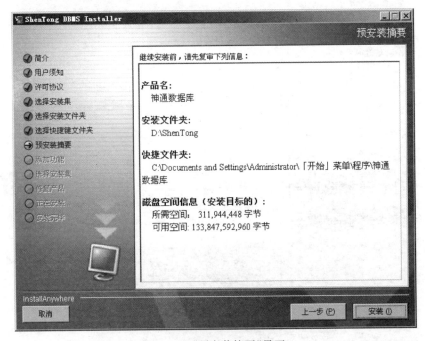

图 5-44 "选择快捷键文件夹"界面

图 5-45 "预安装摘要"界面

注意：如果目标空间不足，则会显示警告界面，同时"安装"按钮将失效，无法进行接下来的安装操作，此时单击"上一步"按钮可重新指定安装的目的文件夹。

7. 安装进度

执行神通数据库管理系统产品安装操作，显示安装进程。图 5-46 为警告界面，在安装进行过程中可以单击"取消"按钮,确认后可停止本次安装操作,如图 5-47 为安装进度显示界面。

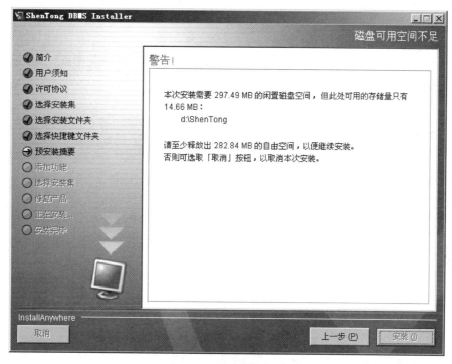

图 5-46　安装警告界面

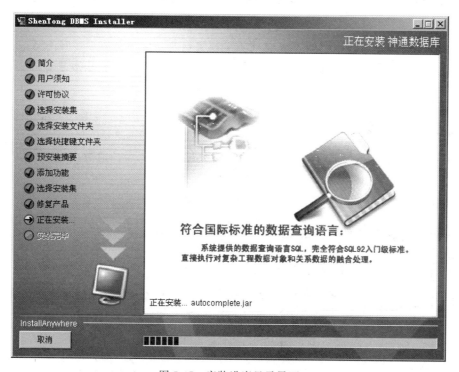

图 5-47　安装进度显示界面

8. 安装完毕

最后安装程序将进入安装完毕界面,并提示产品是否已成功安装,此时"上一步"和"取消"按钮均处于失效状态,图 5-48 为安装完毕界面。单击"完成"按钮,关闭安装程序。

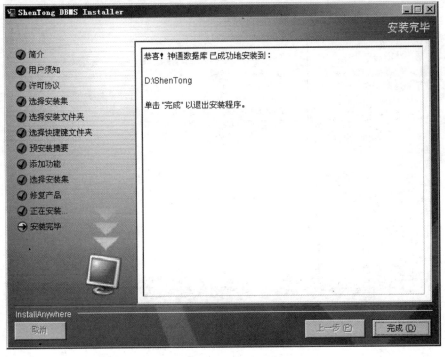

图 5-48　安装完毕界面

注意:在某些操作系统下,一些系统设置必须重新启动操作系统后才可生效,所以安装完毕后安装程序会提示是否重新启动操作系统,请保存好其他系统程序后单击"确定"按钮,安装程序将自动重新启动计算机。

5.3.3　数据库配置

如果选择安装"数据库服务器端"组件,那么安装进程结束后神通数据库会弹出"数据库配置工具"界面,引导创建数据库实例。

(1) 数据库配置程序界面如图 5-49 和图 5-50 所示。控制文件路径为:

```
/opt/ShenTong/odbs/OSRDB/OSRDB.ctrl
```

如果选择使用归档日志,则归档路径为:

```
/opt/ShenTong/odbs/OSRDB/arch
```

(2) 日志文件配置过程如图 5-51 所示。日志文件路径为:

```
/opt/ShenTong/odbs/OSRDB/OSRDB01.log
```

图 5-49　数据库配置界面

图 5-50　创建数据库实例

（3）临时文件配置过程如图 5-52 所示。临时文件路径为：

```
/opt/ShenTong/odbs/SCPC/SCPC01temp.dbf
```

（4）审计文件配置过程如图 5-53 所示。审计文件路径为：

```
/opt/ShenTong/odbs/OSRDB/OSRDB01.log
```

（5）数据文件配置过程如图 5-54 所示。数据文件路径为：

```
/opt/ShenTong/odbs/OSRDB/OSRDB01.dbf
```

图 5-51　日志文件配置

图 5-52　临时文件配置

图 5-53　审计文件配置

图 5-54　数据文件配置

（6）UNDO 文件配置过程如图 5-55 所示，UNDO 文件路径为：

```
/opt/ShenTong/odbs/OSRDB/OSRDB01.dbf
```

图 5-55　UNDO 文件配置

（7）创建实例，然后进行参数配置，如图 5-56 所示。需要修改以下两个参数：第一个参数表示是否设置 numeric 类型输出数据的小数精度，如果为 false 则将小数精度设置为 0。

```
ENABLE_SET_DECIMAL_NUM = true
```

第二个参数表示是否允许 substr 的长度在不兼容 Oracle 的情况下为负值，如果参数为 true 表示允许。

```
ENABLE_NEGATIVE_SUBSTR_LENGTH = true
```

从快捷键文件夹打开"帮助手册"的"联机帮助"项→可进入工具帮助信息阅读界面。神通数据库管理系统的帮助信息是通过网页浏览器阅读的，在打开"联机帮助"前需要确认网页浏览器是否可正常运行。

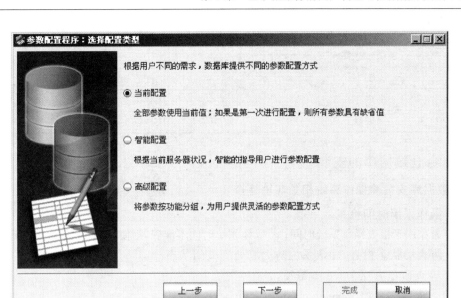

图 5-56　创建实例时选择当前配置方式

5.3.4　停止数据库服务

（1）启动数据库。

```
/etc/init.d/oscardb_OSRDBd start
```

（2）启动数据库 agent 服务。

```
/etc/init.d/oscardbagent start
```

（3）停止。

```
/etc/init.d/oscardb_OSRDBd stop
```

（4）停止数据库 agent 服务。

```
/etc/init.d/oscardbagent stop
```

5.4　人大金仓数据库的配置与部署

5.4.1　软硬件环境需求

人大金仓数据库安装硬件基本要求具体见表 5-3,软件要求的操作系统版本为主流的 32 位或 64 位 Linux 操作系统。

表 5-3　人大金仓数据库安装硬件基本要求

硬　件	要　求
CPU	主流的 32 位或 64 位 CPU
内存	1GB 以上
硬盘	1GB 以上空闲空间

5.4.2　金仓数据库的安装

1. 数据库安装前操作系统相关环境检查

（1）操作系统时间检查。

date 命令用于检查操作系统时间；若操作系统时间不准确，则使用"date -s"命令进行修改。

（2）防火墙状态检查，确认系统防火墙处于关闭状态。

状态检查命令为"service iptables status"。

关闭防火墙命令为"service iptables stop"。

关闭防火墙开机自启动命令为"chkconfig iptables off"。

（3）SELINUX 状态检查，确认 SELINUX 处于禁用状态。

```
SELINUX = disabled vim /etc/selinux/config
```

2. 修改数据库操作系统服务器主机名称

修改主机名称。hostname 定义了临时修改的主机名；vim/etc/sysconfig/network 命令使网络中主机名永久生效；vim/etc/hosts/命令使本地主机名永久生效。

```
hostname kingbase;
vim /etc/sysconfig/network
HOSTNAME = kingbase;
vim /etc/hosts
IP kingbase
Examples:
192.168.93.129 kingbase
```

3. 用户创建

创建操作系统用户，并设置用户密码。

```
# 利用 root 创建数据库属主用户
useradd - m - U kingbase
# 密码 kingbase
passwd kingbase
```

4. 目录规划

（1）规划数据库安装包存放目录。

```
mkdir /home/kingbase/kdb_install
chown - R kingbase: kingbase /home/kingbase/kdb_install
```

（2）规划数据库软件目录。

```
mkdir /home/kingbase/KingbaseES/
chown −R kingbase: kingbase /home/kingbase/KingbaseES/
```

（3）规划数据库数据目录。

```
mkdir /dbdata
chown −R kingbase: kingbase /dbdata
```

（4）规划数据库备份目录。

```
mkdir /dbbackup
chown −R kingbase: kingbase /dbbackup
```

（5）规划数据库脚本目录。

```
mkdir /home/kingbase/kdb_scripts
chown −R kingbase: kingbase /home/kingbase/kdb_scripts
```

（6）规划数据库归档目录。

```
mkdir /dbarchive
chown −R kingbase: kingbase /dbarchive
```

5．操作系统参数配置

（1）参数配置文件为/etc/security/limits.conf，可以针对不同参数在文件中进行修改，其中修改 open files 为：

```
kingbase hard nofile 65536
kingbase soft nofile 65536
```

（2）修改 max user processes，在配置文件中添加：

```
kingbase hard nproc 65536
kingbase soft nproc 65536
# 修改 /etc/security/limits.d/90−nproc.conf
kingbase soft nproc 65536
```

（3）修改 core size，在配置文件中添加：

```
kingbase soft core unlimited
kingbase hard core unlimited
```

（4）如果修改 kernel.sem，需要在文件/etc/sysctl.conf 中添加：

```
kernel.sem = 5010 641280 5010 256
# root 用户执行命令，重新加载生效
sysctl - p
```

（5）I/O 调度策略可在文件中查看并进行修改：

```
# 查看当前 I/O 调度策略
cat /sys/block/{DEVICE - NAME}/queue/scheduler
# 临时修改
echo deadline > /sys/block/{DEVICE - NAME}/queue/scheduler
# 永久修改
vim /rc.d/rc.local
echo deadline > /sys/block/{DEVICE - NAME}/queue/scheduler
```

（6）在/etc/system/logind.conf 文件中对参数 IPC 进行修改：

```
RemoveIPC = no
# 重启服务
Systemctl daemon - reload
Systemctl restart system - logind.service
```

6. 复制数据库安装文件

（1）复制并解压数据库安装包。将数据库安装包复制到/home/kingbase/kdb_install 中并解压。

（2）复制授权文件。将数据库授权文件复制到/home/kingbase/kdb_install。

（3）属主变更。

```
chown - R kingbase: kingbase /home/kingbase/kdb_install
```

（4）权限变更。

```
chmod + x setup.sh
```

7. 运行 setup.sh 文件

在数据库安装文件中，找到 setup.sh 文件，执行"sh setup.sh"命令，如图 5-57 所示。

8. 安装许可协议选择

（1）阅读安装许可协议，如图 5-58 所示。

（2）接受安装许可协议条款，如图 5-59 所示。

9. 安装方式选择

在安装方式选择界面，输入 1 或者直接按回车键接受默认值（完全安装），如图 5-60 所示。

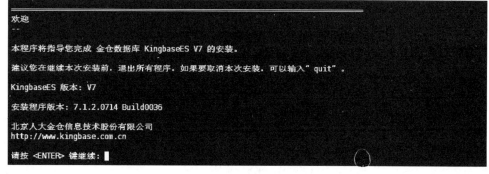

图 5-57　命令行安装

重要须知，请认真阅读：本《最终用户许可协议》（以下称《协议》）是您（个人或单一实体）与北京人大金仓信息技术股份有限公司（以下简称"人大金仓"）之间有关
上述人大金仓软件产品的法律协议。本"软件产品"包括计算机软件，并可能包括相关媒体、印刷材料和联机文档（"软件产品"）。本"软件产品"还包括对人大金仓提供给您的
原"软件产品"的任何更新和补充资料。任何与本"软件产品"一同提供给您的并与单独一份软件许可证相关的软件产品是根据本《协议》中的条款而授予您。您一旦安装、复制、
下载、访问或以其他方式使用"软件产品"，即表示您同意接受本《协议》各项条款的约束。如您不同意本《协议》中的条款，请不要安装、复制或使用"软件产品"。

软件产品许可证

本"软件产品"受著作权法及国际著作权条约和其他知识产权法和条约的保护。
本"软件产品"只许可使用，而不出售。

1、许可证的授予。只要您遵守本《协议》，人大金仓将授予您下列非独占性的不可转让的权利：
　　应用软件。本软件的使用应在相应合同上规定的地点上使用。使用应受到购买的数量和许可种类（如合同中所约定）的使用限制所制约。如果许可种类没有特殊说明，则您
只能在单一一台计算机、工作站、手持式计算机、智能电话或其他数字电子仪器（"计算机"）上安装、使用、访问、显示、运行或以其他方式互相作用于（"运行"）本"软件产品"的一份副本

保留权利。除本协议中具体的规定外，未明示授予的一切其他权利均为人大金仓所有。人大金仓保留对本协议内容的解释权。

2、其他权利和限制的说明。

请按 <ENTER> 键继续：

图 5-58　安装许可协议

是否接受此许可协议条款？（是/否）：是

图 5-59　接受安装许可协议条款

选择安装集

请选取将由本安装程序安装的"安装集"。

->1- 完全安装
　2- 客户端安装

针对所选"安装集"输入相应的号码，或按一下 <ENTER> 接受默认值
　　　：1

图 5-60　选择完全安装的安装集

10. 依赖包测试

在依赖包测试界面，可以看到检查结果为全部通过，按回车键继续，如图 5-61 所示。

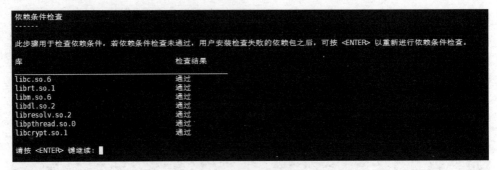

图 5-61 依赖包测试界面

11. 授权文件选择

(1) 选择授权文件。输入正确的授权文件路径,确认正确后按回车键继续,如图 5-62 所示。

(2) 查看授权文件的详细信息并确认,如图 5-63 所示。

 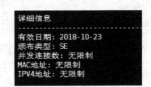

图 5-62 授权文件验证　　　　　　　　　图 5-63 授权文件的详细信息

12. 安装文件夹选择

选择安装文件夹,输入默认文件夹目录,按回车键继续,如图 5-64 所示。

图 5-64 选择安装文件夹

13. 预安装摘要

查看安装信息。预览数据库安装信息,确认无误后按回车键继续,如图 5-65 所示。

14. 数据库安装

数据库安装,确认无误后按回车键继续,如图 5-66 所示。

15. 数据库安装进度显示

数据库正式开始安装,等待直到数据库安装完成,如图 5-67 所示。

16. 远程管理账号创建

创建远程管理账号,直接按回车键继续,接受默认的用户名 krms,密码 krms,如图 5-68 所示。

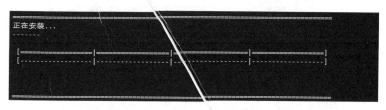

图 5-65　预览金仓数据库安装信息

图 5-66　确认金仓数据库的安装路径

图 5-67　金仓数据库安装进度显示

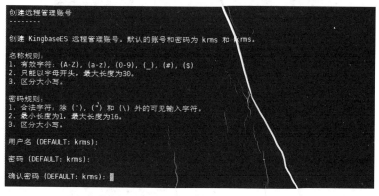

图 5-68　设置金仓数据库的账号和密码

17. 完成安装

（1）在"完成安装"界面按回车键继续，如图 5-69 所示。

（2）选择数据库初始化方式。输入 2，选择手动初始化数据库，按回车键继续，如图 5-70 所示。

图 5-69　金仓数据库安装完成界面

图 5-70　金仓数据库初始化方式选择

（3）退出安装程序。此时再次按回车键退出安装程序。

18. 安装驱动和加载系统服务

（1）安装驱动和加载系统服务，如图 5-71 所示。以 root 用户身份，安装 ODBC 驱动并加载相关系统服务。

```
sh /home/kingbase/KingbaseES/Install/Root.sh
```

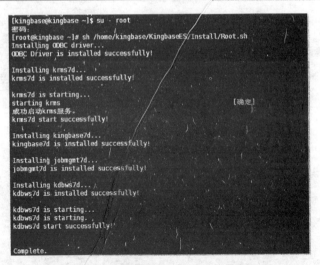

图 5-71　安装驱动和加载系统服务

（2）设置相关服务的开机自启动。

① kingbase7d 为数据库主进程，单机环境下建议开机自启动。

```
service kingbase7d stop
```

② krms7d 为数据库控制管理器进程，建议关闭开机自启动。

```
service krms7d stop
chkconfig krms7d off
```

③ jobmgmt7d 为数据库定时任务进程,如果没有用到定时任务功能,则建议关闭开机自启动。

```
service jobmgmt7d stop
chkconfig jobmgmt7d off
```

④ kdbws7d 为数据库 Web 端管理进程,建议关闭开机自启动。

```
service kdbws7d stop
chkconfig kdbws7d off
```

5.4.3 数据库初始化

1. 上传脚本

（1）上传脚本压缩包。上传 daily20171121. tar. gz 至 /home/kingbase/kdb_scripts 目录；更改压缩包属主用户命令如下：

```
chown kingbase: kingbase /home/kingbase/kdb_scripts/daily20171121.tar.gz
```

（2）解压脚本。Kingbase 用户解压脚本压缩包命令如下：

```
tar zxvf daily20171121.tar.gz
```

2. 配置脚本

（1）进入脚本目录命令如下：

```
cd /home/kingbase/kdb_scripts/daily
```

（2）配置 env. properties,KB_HOME 数据库安装目录、USER 数据库超级用户、PASSWORD 超级用户密码、DATABASE 检测数据库状态时使用的数据库、PORT 数据库端口号、HOST 数据库 IP 地址、DATA_CATALOG 数据库 data 目录、BACK_CATALOG 数据库备份目录和 SCRIPT_LOG_PATH 脚本日志目录,命令如下：

```
vim env. properties
♯标准配置
KB_HOME = /home/kingbase/KingbaseES
USER = SYSTEM
PASSWORD = MANAGER
DATABASE = TEMPLATE2
PORT = 54321
HOST = 127.0.0.1
DATA_CATALOG = "/dbdata/data/data"
BACK_CATALOG = "/dbbackup"
SCRIPT_LOG_PATH = /dbbackup/script_log
```

Kingbase 用户创建脚本日志目录命令如下：

```
mkdir /dbbackup/script_log
```

（3）配置 adddatafile/env_adddatafile. properties 命令如下：

```
vim adddatafile/env_adddatafile.properties
NO_DATABASE = "'TEST','SAMPLES'"
```

（4）配置 clean/env_kingbase_log. properties，其中，KB_LOG_PATH 为数据库日志位置；KB_LOG_ARCHIVE 为数据库日志打包归档位置；log_maxsize 为数据库日志清理阈值；kepp_time 为数据库日志保留天数。

```
vim clean/env_kingbase_log.properties
# 标准配置
KB_LOG_PATH = "/home/kingbase/KingbaseES/log"
KB_LOG_ARCHIVE = "/dbbackup/kdb_log"
log_maxsize = "204800"
kepp_time = "180"
```

（5）配置 clean/env_clean. properties，其中，KEEP_DAYS 为脚本日志保留天数；KEEP_BACK_YEAR=1、KEEP_BACK_MONTH=1、KEEP_BACK_DAY=15 表示保留最近 15 天的备份文件；log_maxsize 为脚本日志清理阈值。

```
vim clean/env_clean.properties
# 标准配置
KEEP_DAYS = 31
KEEP_BACK_YEAR = 1
KEEP_BACK_MONTH = 1
KEEP_BACK_DAY = 15
log_maxsize = 204800
```

（6）配置 dump/env_dump. properties，其中，KB_DAILY_DUMP 为备份路径；KB_DAILY_ARCHIVE 为备份文件归档路径。

```
vim dump/env_dump.properties
# 标准配置
KB_DAILY_DUMP = /dbbackup/kb_daily_backup
KB_DAILY_ARCHIVE = /dbbackup/kb_daily_archive
```

（7）修改 dump/dump. sh，其中，dump_database. sh 为全库备份脚本；dump_table. sh 为表备份脚本；sys_dump_db_stru. sh 为数据库结构备份脚本；time_copy_to. sh 为增量备份脚本，只开放全库备份脚本，注释其他备份方式：

```
vim dump/dump.sh
```

标准修改方式为：

```
# sys_dump database
sh ${this_dir}/dump_database.sh ${DUMP_PATH}
```

```
# sys_dump table
# sh ${this_dir}/dump_table.sh ${DUMP_PATH}
# sys_dump database structure
# sh ${this_dir}/sys_dump_db_stru.sh ${DUMP_PATH}
# copy to table
# sh
${this_dir}/../copy_to/time_copy_to/time_copy_to.sh ${DUMP_PATH}
```

（8）配置 dump/dump_db_list.properties，根据实际情况设置需要备份的数据库名称。

```
vim dump/dump_db_list.properties
```

3. 配置定时任务

配置定时任务的脚本遵循以下规则：信息收集脚本每小时执行一次；清理脚本每 4 小时执行一次；添加数据文件脚本每 6 小时执行一次；数据库备份脚本每天一次；Vacuum 脚本每月一次。

```
0   */1   *   *   *   /home/kingbase/kdb_scripts/daily/collect/collect.sh >/dev/null 2>&1
0   */4   *   *   *   /home/kingbase/kdb_scripts/daily/clean/clean.sh   >/dev/null 2>&1
0   */6   *   *   *   /home/kingbase/kdb_scripts/daily/adddatafile/kdb_add_datafiles.sh >/
dev/null 2>&1
0   2     *   *   *   /home/kingbase/kdb_scripts/daily/dump/dump.sh   >/dev/null 2>&1
0   0     15  *   *   /home/kingbase/kdb_scripts/daily/clean/vacuum/vacuum.sh >/dev/null 2
>&1
```

4. 测试

（1）查看当前定时任务设置。Kingbase 用户执行"crontab -l"命令列出当前部署的计划任务。

（2）测试。根据计划任务分别单步执行脚本，查看脚本是否执行正常，例如，

```
sh - x
/home/kingbase/kdb_scripts/daily/collect/collect.sh
```

5.5 GBase8s 数据库配置与部署

5.5.1 GBase8s 数据库软硬件环境需求

GBase8s 数据库安装硬件基本要求见表 5-4，软件要求的操作系统版本为 RedhatEnterpriseLinux6. x64 位操作系统。

表 5-4 GBase8s 数据库安装硬件基本要求

硬　　件	最 低 要 求	推 荐 配 置
处理器	1×2 核 2.0GHz	4×4 核 3.0GHz
内存	4GB	64GB 或更多

硬　件	最 低 要 求	推 荐 配 置
硬盘	100GB	1TB
光驱	CD-ROM	CD-ROM

5.5.2　环境准备

以 root 用户身份登录系统后创建 informix 组和 informix 用户。要创建 informix 组，请执行以下操作：

```
groupaddinformix
```

要创建 informix 用户，请执行以下操作：

```
useradd - ginformixinformix
```

5.5.3　GBase8s 数据库安装

1. 安装准备

(1) 在启动安装过程之前，必须确保在当前系统中有足够权限可以执行安装。必须以 root 用户身份登录才能执行许多与安装有关的任务。

(2) 将产品安装光盘插入光驱，将光盘中 Setup 目录下的文件复制到本地目录。Setup 目录中包含 GBase8s 的安装包文件，该文件通常是形如 GBase8sV8.7.12.10.FC4G1TL_1.6.3.12.RHEL6_x86.tar 的压缩文件，下面以 GBase8sV8.7.12.10.FC4G1TL_1.6.3.12.RHEL6_x86.tar 为例进行安装过程的介绍。

```
[root@PC - TEST gbt]#tar - vxf GBase8sV8.7.12.10.FC4G1TL_1.6.3.12.RHEL6_x86.tar
ids_install
onsecurity
doc/
doc/ids_machine_notes_12.10.txt
ids.properties
```

2. 执行安装

(1) 执行安装脚本 ids_install 即可进行安装，具体命令为：

```
[root@PC - TEST gbt]# shids_install
```

(2) 安装程序首先会检查系统环境，如果系统没有安装 JDK，那么安装包会先解压 JDK，再自动将 JDK 安装到该系统中。如果已经安装，那么将显示产品的授权条款，并等待确认是否接受这些授权条款。具体安装过程示例如下：

```
[root@PC - TEST gbt]#./ids_install
Preparing to install
```

```
Extracting the JRE from the installer archive
Configuring the installer for this system's environment...
Launching installer...
 ------------------------------------------------------------------
                                        (created with Install Anywhere)
 ------------------------------
Preparing CONSOLE Mode Installation...

 ------------------------------------------------------------------
Getting Started
 -----------------------------
This application will guide you through the installation of GBase8software Bundle.
Copyright GBASECorporation2004,2017.All rights reserved.
To Begin installation, Respond to each prompt to proceed to the next step in the installation.
If you want to changes something on a previous step, type 'back'. you may cancel this
installation at any time by typing 'quit'.

PRESS <ENTER> TOCONT INUE:
9.SEVERABILITY. if Any provision of this agreement is held to be unenforceable,this Agreement
will remain in effect with the provision. omitted, unless omission would frustrate the intent
of the parties, in which case this Agreement will immediately
terminate.
10. INTEGRATION.This Agreement is the entire agreement between you and General Data relating to
its subject matter. It supersedes all prior or contemporaneous oral or written communication,
proposals, representations and warranties and prevails over any conflicting or additional
terms of any quote, order, acknowledgement, or other communication between the parties
relating to its subject matter during the term of this Agreement. No modification of this
Agreement will be binding, unless in writing and signed by an authorized representative of each
party. When the translation document as thee different meaning or has the conflicting views
with Chinese original text conflict,should take the law and regulations promulgation unit as
well as the General data issue Chinese original text as the standard.
All trade marks and registered trademarks mentioned herein are the property of the
irrespective owners.

DO YOU ACCEPT THE TERMS OF THIS LICENSE AGREEMENT?(Y/N):
```

（3）输入 Y 接受授权条款，按回车键继续。

（4）指定安装路径。根据界面提示输入安装路径/opt/GBase8s，输入 Y 并按回车键，确认安装目录正确。安装路径如下：

```
 ------------------------------------------------------------------
Installation Location
 -------------
Choose location for software installation
Default Install Folder:
ENTER ANABSOLUTE PATH, OR PRESS <ENTER> TO ACCEPT THE DEFAULT
     : /opt/GBase8s
INSTALL FOLDER IS: /opt/GBase8s
   IS THIS CORRECT?(Y/N): Y
```

（5）选择安装类型。

```
--------------------------------------------
Installation or Distribution
------------------
Selet the Installation type;
Typical: Install the database server with all features and a database server that
Is configured with default values. Includes:
   ** ClientSoftwareDevelopmentKit(CSDK)
   ** JavaDatabaseConnectivity(JDBC)
   Minimum disk space required: 700 - 800MB
custom: Install the database server with specific features and software that you need.
Optionally install configured database server instance.
Minimum disk space required: 75MB(without a server instance)

 - > 1 - Typical installation
     2 - custom installation
     3 - Extract the product files(DLEGACY option)
     4 - Createa RPM package for redistribution

ENTER THE NUMBER FOR YOUR CHOICE, OR PRESS < ENTER > TO ACCEPT THE DEFAULT: :
```

（6）使用默认安装选项 1，按回车键，进行典型安装。

（7）创建实例。系统提示是否创建一个实例，默认选项 1 表示创建，按回车键，创建一个实例。

```
-------------------------------------------------------------------
Server Instance Creation
-----------------
Create a server instance?
 - > 1 - Yes - create an instance
     2 - No - donot create an instance

ENTER THE NUMBER FOR YOUR CHOICE. OR PRESS < ENTER > TO ACCEPT THE DEFAULT: :
```

（8）选择数据库用户数。选择实例预期要支持的数据库用户数，默认选项为 1，按回车键继续。

```
-------------------------------------------------------------------
Configure - Number of users
----------------
Select the number of expected database users.
  - > 1 - 1 - 100
    2 - 101 - 500
    3 - 501 - 100
    4 - 1000 +

ENTER THE NUMBER FOR YOUR CHOICE. OR PRESS < ENTER > TO ACCEPT THE DEFAULT: :
```

（9）配置结束，按回车键开始安装。

```
-----------------------------------------------------------------
Ready to install
---------------
InstallAnywhere is now ready to install GBase8s Software Bundle onto your system at
following location

   /opt/GBase8.s

PRESS < ENTER > TO INSTALL

-----------------------------------------------------------------
Installing
---------------


[ ----------- | ------------------- | --------------- | ------------ ]
[ ----------- | ------------------- | --------------- | ------------ ]


-----------------------------------------------------------------
Server Initialization
---------------


The server will now be initialized. Initialization might take quite awhile, depending on the
performance of your computer.

PRESS < ENTER > TO CONTINUE:
```

（10）安装后会提示将进行数据库实例的初始化，按回车键继续。

（11）数据库实例创建成功，按回车键继续。

```
-----------------------------------------------------------------
Using the new instance
---------------
A database server instance war created. if you chose to initialize the instance, it is ready to
use.
You can open a command prompt to an initialization by running one of the following command sat/
opt/GBase8s,where ol_informix1210_list the path or filename of the instance.

Windows:
ol_informix1210_1.cmd

UNIXcsh:
sourceol_informix1210_1.csh

UNIXkshorbourne:
./ol_informix1210_1.ksh

It initialization fails,check the online Logfile for messages. the instance's root chunk must
be owned by the correct user and group, and it must have readable and writable(rw) permission
bit set only for owner and group.

PRESS < ENTER > TO CONTINUE:
```

（12）安装完成，按回车键退出安装程序。

```
Installation Complete
```

3. 配置环境变量

在使用 GBase8s 数据库服务前需要设置几个环境变量，可以以 informix 身份运行 GBase8s 安装目录下的 ol_informix1210.ksh，或者将 GBase8s 安装目录下的 ol_informix1210.ksh 文件的内容追加到 informix 用户主目录下的 .bash_profile 文件中，以便 informix 用户在登录后即可自动应用这些环境变量。

要将 GBase8s 安装目录下的 ol_informix1210.ksh 文件的内容追加到 informix 用户主目录下的 .bash_profile 文件中，可以执行数据库环境变量设置命令：

```
[root@PC-TESTGBase8s]#cd/opt/GBase8s/
[root@PC-TESTGBase8s]#cataol_informix1210.ksh>>/home/informix/.bash_profile
```

5.5.4　GBase8s 数据库的卸载

当用户需要卸载 GBase8s 数据库系统时，应先停止数据库服务，切换到 root 用户，进入安装程序目录下的 uninstall/uninstall_ids，在该目录下执行 uninstallids 命令进行卸载。卸载程序开始后，选择 2 并按回车键，删除所有相关联的数据库文件：

```
[root@PC-TESTuninstall_ids]#./uninstallids

-------------------------------------------------------------------

GBase8sSoftwareBundle                              (created with InstallAnywhere)
-------------------------------

Preparing CONSOLEModeUninstallation...

-------------------------------------------------------------------

Uninstall GBase8sSoftwareBundle
-------------------------------

About to uninstall GBase8sSoftwareBundle
In this uninstall process, all GBase8sSoftwareBundle production in /opt/GBase8s will be
unistalled.
It is recommended that you first shut down all Informix database server instances related to
this installation prior to uninstalling the product.

PRESS <ENTER> TO CONTINUE:

environment files, registeryentries, and message log files for all database server instances
associated with this installation.

  ->1-Retains all databases, but removes all server binaries
     2-removes server binaries and all databases associated with them
```

```
ENTER THE NUMBER FOR YOUR CHOICE, OR PRESS < ENTER > TO ACCEPT THE DEFAULT: : 2

-------------------------------------------------------------------
Uninstalling...
-----------------------------

... *
*
* * * * * * * * * * * * * * * * * * * *
* * * * * * * * * * * * * * * * * * * *
* * * * * * * * * * * * * * * * * * * *
* * * * * * * * * * * * * * * * * * * *
... *
*
* * * * * * * * * * * * * * * * * * * *
* * * * * * * * * * * * * * * * * * * *
* * * * * * * * * * * * * * * * * * * *
* * * * * * * * * * * * * * * * * * * *
... *
*
* * * * * * * * * * * * * * * * * * * *
* * * * * * * * * * * * * * * * * * * *
* * * * * * * * * * * * * * * * * * * *
* * * * * * * * * * * * * * * * * * * *

-------------------------------------------------------------------

Uninstall Complete
-----------------------------

Uninstall is complete for CBase8sSoftwareBundle

Product uninstall status:
GBase8s: Successful
```

5.5.5 启动/停止数据库服务

（1）通常情况下，可使用 informix 用户来启动和停止数据库服务。数据库 GBase8s 在成功安装后，会自动处于启动状态。可通过以下命令检查服务进程是否存在，如图 5-72 所示。

（2）切换到 informix 用户后，输入"onmode -ky"，可停止数据库服务。

```
[ informix@PC - TEST～] $ onmode - ky
[ informix@PC - TEST～] $ ps - ef | greponinit
Informix 6444 6418 010: 54pts/0 00: 00: 00 greponinit
```

（3）输入"oninit -vy"，可启动数据库服务。

```
[root@PC-TESTGBase8s]#ps-ef|greponinit
root     6239 2605 009:58pts/0      00:00:00greponinit
informix 6618    1 009:10?          00:00:07/opt/GBase8s/bin/oninit-ivwy
root     6619 6618 009:10?          00:00:00/opt/GBase8s/bin/oninit-ivwy
root     6620 6619 009:10?          00:00:00/opt/GBase8s/bin/oninit-ivwy
root     6621 6619 009:10?          00:00:00/opt/GBase8s/bin/oninit-ivwy
root     6622 6619 009:10?          00:00:01/opt/GBase8s/bin/oninit-ivwy
root     6623 6619 009:10?          00:00:00/opt/GBase8s/bin/oninit-ivwy
root     6624 6619 009:10?          00:00:00/opt/GBase8s/bin/oninit-ivwy
root     6625 6619 009:10?          00:00:00/opt/GBase8s/bin/oninit-ivwy
root     6704 6619 009:11?          00:00:00/opt/GBase8s/bin/oninit-ivwy
```

图 5-72 检查 GBase8s 数据库服务进程命令

```
[informix@PC-TEST~]$ oninit -vy
Warning: parameter's user - configured value was adjusted. (DS_MAX_SCANS)
Warning: parameter's user - configured value was adjusted. (ONLIDX_MAXMEM)
Reading configuration file
'/opt/GBase8s/etc/onconfig.ol_informix1210'... succeeded
Creating /INFORMIXTMP/.infxdirs...succeeded
Allocating and attaching to shared memory... succeeded
Creating resident pool 8310kbytes... succeeded
Creating infosfile"/opt/GBase8s/etc/.infos.ol_infomix1210"...succeeded
Linking conffile"/opt/GBase8s/etc/.conf.ol_infomix1210"...succeeded
Initializing rhead structure...rhlock_tl16384(512K)...rlock_t(5312K)...
Writing to infosfile... succeeded
Initializing onofEncryption...succeeded
Forking main_loopthread...succeeded
Initializing DRstructure...succeeded
Forking 1'soctcp'listener threads...succeeded
Forking 1'soctcp'listener threads...succeeded
Forking 1'soctcp'listener threads...succeeded
Starting tracing...succeeded
Initializing 2flusher...succeeded
Initializing SDSServer network connections...succeeded
Initializing log/checkpoint information...succeeded
Initializing dbspaces...succeeded
Opening primary chunks...succeeded
Validating chunks...succeeded
Initialize asyncLogFlusher...succeeded
Starting B-tree Scanner...succeeded
InitreadAheadDaemon...succeeded
InitDBUtilDaemon...succeeded
Initializing DBSPACETEMP list...succeeded
initAutoTuningDaemon...succeeded
Checking database partition index...succeeded
Initializing data skip structure...succeeded
Checking for temporary tables drop...succeeded
Updateing Global RowCounter...succeeded
Forking onmode_monthread...succeeded
Creating periodic thread...succeeded
Creating periodic thread...succeeded
Staring scheduling system...succeeded
Verbose output complete: mode - 5
```

（4）输入"ps -ef|greponinit"，可检查数据库服务进程是否存在。

```
[informix@PC - TEST~] $ ps  - ef | greponinit
informix  6452      1      610: 58?      00: 00: 04 oninit - vy
root      6454    6452     610: 58?      00: 00: 00 oninit - vy
root      6455    6452     610: 58?      00: 00: 00 oninit - vy
root      6456    6452     610: 58?      00: 00: 00 oninit - vy
root      6457    6452     610: 58?      00: 00: 00 oninit - vy
root      6458    6452     610: 58?      00: 00: 00 oninit - vy
root      6459    6452     610: 58?      00: 00: 00 oninit - vy
root      6460    6452     610: 58?      00: 00: 00 oninit - vy
root      6461    6452     610: 58?      00: 00: 00 oninit - vy
informix  6477    6418     610: 59pts/0  00: 00: 04 greponinit
```

第6章

基于微服务的数据汇聚系统开发实践

数据汇聚是数据工程中常用的一项业务。数据汇聚的目的是将不同数据来源的数据源（业务表单、数据库、业务系统等）通过一定的规则融合到目标数据库中。基于微服务的数据汇聚能够支持开发者在极短的时间内开发出一个轻量级系统，对于移动互联网条件下的用户敏捷开发和快速迭代使用具有重要意义。本章从基于 Spring Boot 的典型的微服务数据汇聚系统开发实践的需求出发，详细介绍系统概述、流程和功能模块设计实现，为基于微服务的数据工程应用系统开发者和设计者提供参考。

6.1 数据汇聚系统功能概述

数据融合系统是基于国产化平台和国产化数据库，运用 Spring Boot 以及 Vue、LayUI 前端框架开发的一款用于数据采集、数据抽取、数据融合、可视化展现的软件系统。该系统包含数据源管理、数据融合管理、可视化平台、模型管理、权限与安全、备份管理、日志等功能。该系统的主要任务是通过数据采集、抽取，进行数据融合，利用内置或自定义的算法模型进行数据分析，并通过可视化平台进行展现。

6.1.1 权限与安全

权限与安全模块作为大部分软件系统的基础，主要负责管理用户、用户授权、用户信息校验等基础功能，是系统安全的第一道保障。

根据数据汇聚系统的功能要求，需要系统对用户进行管理，同时可以对用户进行角色授权和分组。首先是对用户进行管理，即需要用户管理模块实现用户的增加、删除、修改、查询基础功能；其次需要对用户进行角色授权，因此需要一个角色管理模块，用于分配用户所属角色以及角色的权限授予；最后需要对用户进行分组，即按照用户所属部门或机构进行划分，以便进行统一管理。

综上所述，数据汇聚系统的权限与安全模块需要包含用户管理、角色管理、用户组管理3个子模块。用户管理子模块包含用户新增、用户删除、用户查询、用户信息修改4个基础功能；角色管理子模块包含角色新增、角色删除、角色查询、角色授权功能；用户组管理子模块包含用户组新增、用户组删除、用户组查询、用户组修改功能。

这 3 个子模块并不是互相独立的。用户管理模块的用户查询除支持按照用户 ID 进行查询外，还应支持按照用户角色、用户所属组等属性进行查询。因此可以形成如图 6-1 所示的功能结构图。

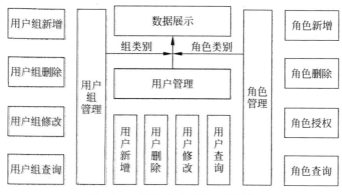

图 6-1　权限与安全模块功能结构

6.1.2　数据融合

本系统中的数据融合是在国产关系型数据库环境下，从多个数据源中，对结构化数据进行采集、清洗、转换、汇聚、管理等。该模块是开展数据处理的基础，也是各类数据相关服务的基本功能。

数据融合模块可实现数据源管理、采集存储、数据清洗、数据融合和数据训练等功能。

从用户需求的角度出发，数据融合首先要对融合的数据来源进行管理，不同的数据源的地址、内容、结构、载体不一致，所以需要数据融合模块具备统一管理的功能，可以对这些数据源进行规范管控。其次是对数据的清洗，数据清洗是通过预先制定的清洗规则对数据进行预处理，由于数据来源的异构多样性，数据质量参差不齐，在数据融合前需要对这些数据源进行清洗，才能保障数据融合的正常进行，也可为后期数据运用提供质量保证。上述预备工作完成以后，才能开始正式的数据融合。根据用户的具体需求数据融合可分为纵向融合和横向融合两种模式。纵向融合是将同一个数据表中的不同来源数据进行融合，数据往往以追加的形式加入到目标数据源中，目标数据表结构和源数据表结构一致。横向数据融合是通过一定的连接语句，将不同结构的数据源表单数据融合到目标数据库中。针对不同的融合模式，需要在后台构建不同的调用模块。

6.2　用户权限与安全模块的设计与开发

本节主要介绍用户权限与安全模块从设计到开发的过程。该模块主要面向服务用户，因此应以前端页面设计入手，首先设计产品原型图，然后设计数据库结构，最后进行编码开发。

6.2.1　前端页面设计

根据需求分析与实际应用相结合的原则，用户管理前端页面应包含用户列表、用户添加

按钮、用户编辑按钮、用户删除按钮以及用户查询输入框、用户查询确认按钮,如图 6-2
所示。

图 6-2 用户管理前端页面

同时用户添加功能、用户删除功能应包含对应的表单,用来输入用户数据、加载编辑用
户数据,如图 6-3 和图 6-4 所示。

图 6-3 "添加用户"表单

图 6-4 "用户信息修改"表单

角色管理与用户管理相似。角色管理包含角色增加、角色删除、角色查询、角色授权功能。前端页面设计与用户管理异曲同工,不同的是角色授权这一功能,如图 6-5 所示。

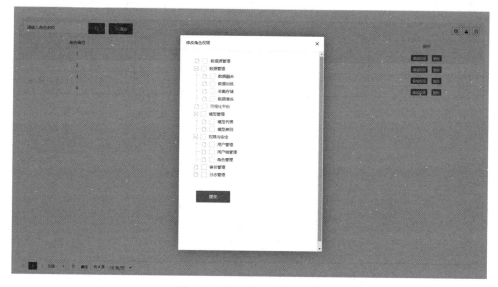

图 6-5　角色列表前端页面

角色授权包含功能授权与数据授权。功能授权即系统对不同用户开放不同的功能,数据授权即不同用户具有不一样的数据访问权限。一般来说,超级管理员拥有绝对的功能与数据访问权限,如图 6-6 所示。

图 6-6　"修改角色权限"表单

用户组管理前端页面包含用户组列表、用户组增加按钮、用户组删除按钮、用户组编辑按钮、用户组查询输入框、用户组查询确认按钮,以及用户组增加表单页面、用户组编辑表单页面,如图 6-7 所示。

图 6-7 用户组列表前端页面

6.2.2 数据库结构设计

数据库结构设计是应用开发中的重要环节,承载着总结用户对数据的需求和为应用提供数据支撑的作用。数据库设计通常包括 6 个阶段:需求分析阶段、概念结构设计阶段、逻辑结构设计阶段、物理设计阶段、数据库实施阶段、数据库运行与维护阶段。本节将完成数据库的概念结构设计与逻辑结构设计。

1. 概念结构设计

根据 6.2.1 节完成的需求分析,可以知道用户权限与安全包含用户管理、角色管理、用户组管理 3 个功能模块。这 3 个子模块的属性并不相同,因此初步设计为 3 个数据表,分别为用户表、角色表、用户组表。

用户表用于存储用户在系统中的个人信息。用户作为实体,包含的基础属性有用户 ID、用户登录账号、用户登录密码;为了更好地为用户服务,用户表还可以有扩展属性,如用户性别、用户邮箱、用户手机号码等,如图 6-8 所示。

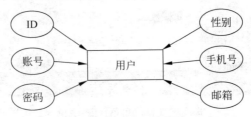

图 6-8 用户表概念结构

以用户表为例,可对照设计出角色表的概念结构与用户组表的概念结构,如图 6-9 和图 6-10 所示。

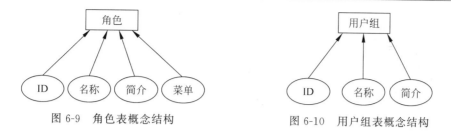

图 6-9 角色表概念结构   图 6-10 用户组表概念结构

2. 逻辑结构设计

按照需求分析,需要设置用户对应的角色以及用户组,因此用户与角色、用户组存在逻辑关系,如图 6-11 所示。

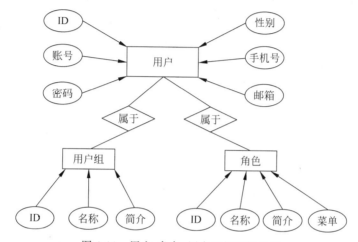

图 6-11 用户、角色、用户组的逻辑关系

由图 6-11 可知,用户表应拥有两个外键,分别对应用户组表和角色表的主键。最终,可以确定如图 6-12 所示的数据库 E-R 图。

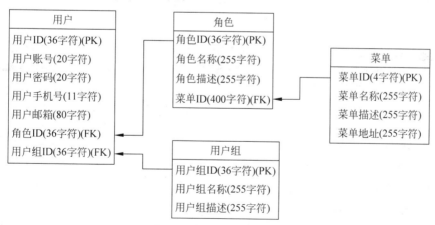

图 6-12 用户表、用户组表、角色表、菜单表 E-R 图

6.2.3 权限与安全模块编码开发

本节主要介绍如何基于 Spring Boot 框架进行后端编码开发,以及如何使用 LayUI 前

端框架进行前端页面的编码开发。

1. 后端编码开发

(1) 需要建立相应的用户实体类、角色实体类、用户组实体类。

```
♯ UserBean
private          String          userId;
private          String          userName;
private          String          userAccount;
private          String          userSex;
private          String          userPhone;
private          String          userUnitId;
private          String          userUnitName;
private          String          userRoleName;
private          String          userRoleId;
private          String          userPwd;
private          String          userLogRuleId;
private          String          userMenuId;

♯ UnitBean
private          String          userId;
private          String          UnitName;
private          String          UnitDesc;

♯ RoleBean
private          int             roleId;
private          String          roleName;
private          String          roleDesc;
private          String          roleMenuId;
```

(2) 在 controller 中创建相关接口。在 UserController 中创建用户的登录、退出、增加、删除、修改、查询接口。创建的接口应包含接收参数、返回参数及确定的接口名称,并可以根据实际需求进行逻辑处理。新建登录接口:

```
@PostMapping(value = "/userLogin")
private RespBean userLogin (@ RequestParam String userAccount, @ RequestParam String userPassword) {
//TODO 进行登录的逻辑处理,包含 session 存储信息、超时时间,并返回用户实体信息
return null;
}
```

(3) 建立接口之后,需要建立服务以及映射文件,以传递接口与数据库之间的数据。在 UserMapper 中定义登录接口,并在 UserService 中定义登录方法,调用 UserMapper 中的登录接口,传入相应的登录参数,同时返回数据库查询的结果。

```
♯ UserMapper
@Mapper
public interface UserMapper {
  /**
    * mapper 登录接口
```

```
   * @param account 用户账号
   * @param pwd 用户密码
   * @return 返回数据
   */
  String userLogin(String account, String pwd);
}
# UserService
  @Service
  public class UserService {
    @Autowired
    UserMapper mapper;
    /**
     * 登录
     * @param account 用户账号
     * @param pwd 用户密码
     * @return 返回参数
     */
    public String userLogin(String account, String pwd) {
      return mapper.userLogin(account, pwd);
    }
}
```

（4）在 UserMapper.xml 中实现具体的数据库查询方法。

```xml
<?xml version = "1.0" encoding = "UTF - 8" ?>
<!DOCTYPE mapper
    PUBLIC " - //mybatis.org//DTD Mapper 3.0//EN"
    "http://mybatis.org/dtd/mybatis - 3 - mapper.dtd">
<mapper namespace = "com.web.mapper.UserMapper">

<select id = "userLogin" resultType = "string">
  select userId
  from d_user
  where userAccount = #{account}
    and userPwd = #{pwd};
</select>
</mapper>
```

（5）在具体完成服务和映射的方法实现后，需要在 UserController 中的 userLogin 方法中实现具体的逻辑。

```
/**
 * 登录接口
 * @param userAccount 用户账号
 * @param userPwd 用户密码
 * @return 返回请求状态、用户数据
 */
@PostMapping(value = "/login")
private RespBean userLogin ( @ RequestParam String userAccount, @ RequestParam String
userPwd) {
    String userId = userService.userLogin(userAccount, userPwd);
```

```
        String userName = userService.selectUserNameById(userId);
        if (userId != null && !userId.isEmpty()) {
            ServletRequestAttributes servletRequestAttributes = (ServletRequestAttributes)
RequestContextHolder.getRequestAttributes();
        HttpServletRequest request = servletRequestAttributes.getRequest();
        request.getSession().setAttribute("userId", userId);
        request.getSession().setAttribute("userName", userName);
        request.getSession().setMaxInactiveInterval(3600 * 60);
        Utils.insertLog(logService, LogType.login);
        return RespBean.onRespSuccess(RespBean.SUCCESS_CODE, Constant.HOME_HOME);
    }
    else {
        return RespBean.onRespFailure(RespBean.FAIL_CODE, null, Constant.NO_USER);
    }
}
```

此登录方法并未校验用户是否存在,在实际应用中,还应校验用户是否存在、用户的账号密码是否正确等,校验之后再返回相应的提示信息。

(6)根据如上流程,最终可以设计出用户新增、用户删除、用户修改、用户查询等相应接口。下面以用户新增、用户修改为例给出相应代码。

Controller 模块代码示例如下:

```
/**
 * 用户新增
 * @param userBean 用户实体类
 * @return
 */
@ResponseBody
@RequestMapping(value = "/insertUser", produces = {"application/json; charset = UTF -
8"})
private RespBean insert(@RequestBody UserBean userBean) {
    Utils.insertLog(logService, LogType.userManage);
    userBean.setUserId(Utils.createUniqueId());
    int exist = userService.isExist(userBean.getUserAccount());
    if (exist == 0) {
      userBean.setUserRoleName(
roleService.selectRoleName(userBean.getUserRoleId()));
        if (userBean.getUserUnitId() != null && userBean.getUserUnitId() != "") {
            String[] uId = userBean.getUserUnitId().split(",");
            StringBuilder unitNames = new StringBuilder();
            for (int j = 0; j < uId.length; j++) {
                String unitName = unitService.selectUnitName(uId[j]);
                unitNames.append(unitName + ",");
            }
            userBean.setUserUnitName(
unitNames.substring(0, unitNames.length() - 1).toString());
        }
        int result = userService.insertUser(userBean);
        if (result < 1) {
            return RespBean.onRespFailure(RespBean.FAIL_CODE, RespBean.FAIL_INVALID_
ARGUMENTS);
```

```
            } else {
                return RespBean.onRespSuccess(RespBean.SUCCESS_CODE);
            }
        } else {
            return RespBean.onRespFailure(RespBean.FAIL_CODE, "账户已存在,请修改账户名");
        }
    }
/**
 * 用户更新
 * @param userBean 用户实体类
 * @return
 */
@ResponseBody
@RequestMapping(value = "/userUpdate", produces = {"application/json; charset = UTF -
8"})
private RespBean update(@RequestBody UserBean userBean) {
    Utils.insertLog(logService, LogType.userManage);

    userBean.setUserRoleName(roleService.selectRoleName(userBean.getUserRoleId()));
    String[] uId = userBean.getUserUnitId().split(",");
    StringBuilder unitNames = new StringBuilder();
    for (int j = 0; j < uId.length; j++) {
        String unitName = unitService.selectUnitName(uId[j]);
        unitNames.append(unitName + ",");
    }
    userBean.setUserUnitName(unitNames.substring(0, unitNames.length() - 1).toString());
    int result = userService.updataUserDataByUserId(userBean);
    if (result < 1) {
        return RespBean.onRespFailure ( RespBean. FAIL _ CODE, RespBean. FAIL _ INVALID _
ARGUMENTS);
    } else {
        return RespBean.onRespSuccess(RespBean.SUCCESS_CODE);
    }
}
```

Service 模块代码示例如下：

```
/**
 * 判断用户是否存在
 * @param userName
 * @return
 */
public int isExist(String userName) {
  return mapper.isExist(userName);
}
/**
 * 用户新增
 * @param dataBean
 * @return
 */
public int insertUser(UserBean dataBean) {
  return mapper.insertUser(dataBean);
}
```

```
/**
 * 根据用户 ID 批量删除用户
 * @param userId
 * @return
 */
public int deleteUserDataByUserId(String[] userId) {
    return mapper.deleteUserDataByUserId(userId);
}
/**
 * 根据用户 ID 更新用户信息
 * @param dataBean
 * @return
 */
public int updataUserDataByUserId(UserBean dataBean) {
    return mapper.updateUserDataByUserId(dataBean);
}
```

Mapper 以及 xml 模块代码示例如下：

```
/**
 * 查询用户是否存在
 * @param userName
 * @return
 */
int isExist(String userName);
/**
 * 用户新增
 * @param userBean
 * @return
 */
int insertUser(UserBean userBean);
/**
 * 用户更新
 * @param dataBean
 * @return
 */
int updateUserDataByUserId(UserBean dataBean);
```

Sql 模块代码示例如下：

```xml
< insert id = "insertUser" parameterType = "com. web. bean. UserBean">
    insert into d_user (userId, userName, userAccount, userPwd, userRoleId, userRoleName,
userUnitId, userUnitName, userSex, userPhone)
    values (#{userId}, #{userName}, #{userAccount},
    #{userPwd}, #{userRoleId}, #{userRoleName},
    #{userUnitId}, #{userUnitName}, #{userSex}, #{userPhone});
</insert>

< update id = "updateUserDataByUserId" parameterType = "com. web. bean. UserBean">
    UPDATE d_user
    SET userName = #{userName},
```

```
        userAccount = #{userAccount},
        userPwd = #{userPwd},
        userRoleId = #{userRoleId},
        userRoleName = #{userRoleName},
        userUnitId = #{userUnitId},
        userUnitName = #{userUnitName},
        userSex = #{userSex},
        userPhone = #{userPhone}
    WHERE userId = #{userId};
</update>

<select id = "isExist" parameterType = "String" resultType = "Integer">
    select count(*)
    from d_user
    where userAccount = #{userName};
</select>
```

2. 前端编码开发

首先建立用户列表对应的 JSP 文件,并在 JSP 文件中调整格式,设置按钮和表格组件,在脚本文件中编写函数实现数据加载、按钮设置等操作。以下为在用户列表页面中加载用户列表的代码示例:

```
function loadUserList(keyWord) {
  var table = layui.table;
  //给表格渲染数据
  table.render({
    elem: '#user'
    , height: 'full-200'
    , method: 'GET'
    , toolbar: '#toolbarDemo'
    , url: '/dy/userSelectAll?keyWord = ' + keyWord    //数据接口
    , page: true                                        //开启分页
    , id: 'userTable'
    , cols: [[                                          //表头 e
      {type: 'checkbox', fixed: 'left', hide: true}
      , {field: 'userId', title: '用户 ID', hide: true}
      , {field: 'userName', align: 'center', title: '用户名称', minWidth: 80}
      , {field: 'userAccount', align: 'center', title: '用户账号', minWidth: 80}
      , {field: 'userRoleName', align: 'center', title: '所属角色', minWidth: 80}
      , {field: 'userUnitName', align: 'center', title: '所属用户组', minWidth: 80}
      , {field: 'userPhone', align: 'center', title: '手机号码', minWidth: 80}
      , {field: 'userSex', align: 'center', title: '性别', minWidth: 80}
      , {fixed: 'right', title: '操作', toolbar: '#barDemo', minWidth: 150}
    ]]
  });
}
```

6.3　数据融合模块的设计与开发

数据融合模块包含采集存储、数据清洗、数据融合、数据训练 4 个子模块。

6.3.1　前端页面设计

　　采集存储子模块负责进行数据的采集、抽取并将数据存储至相应的数据库表中,为了了解数据来源与数据去向,应向用户提供选择数据来源、数据去向的功能,这两个功能分别对应相关数据库表的选择,在用户选择完成之后提供"确认"按钮进行请求的提交,如图 6-13所示。

图 6-13　采集存储 UI 设计图

　　数据清洗子模块是对抽取的数据按规则进行处理,因此在前端页面设计部分应考虑提供数据库选择、数据表选择等功能,同时需要对数据清除处理模型的选择。页面部分包含数据库选择器、数据表选择器、数据处理模型选择器和"执行"按钮,如图 6-14 所示。

图 6-14　数据清洗模型

　　数据融合模块是将不同数据源的数据进行融合。按照要求,应提供源数据库、源数据表选择器,融合规则选择器,目标数据库、目标数据表选择器和"执行"按钮。具体可参考采集存储模块的页面设计,如图 6-15 所示。

　　数据训练模块是对处理后的数据进行数据训练。此模块需提供数据源选择器、算法模型选择器以及"执行"按钮,数据训练进度显示部分,除此之外还需要提供训练结果展示的布局。此模块可以设计为左侧选择数据源、算法模型、执行按钮、训练进度输出布局,右侧为训

图 6-15　数据融合页面

练结果展示布局。

6.3.2　数据库结构设计

数据管理模块包含 4 个子模块,同时承担着系统最核心的功能。在数据库设计部分主要依赖前期数据源模块的数据库结构,此模块中包括了主要的实际应用的功能。本节主要介绍数据源数据库结构的概念设计与逻辑设计。

1. 概念设计

数据采集存储、数据清洗、数据融合、数据训练都包含了数据库、数据表的选择,那么数据源可以作为一个实体,应包含连接数据库的基础属性,如图 6-16 所示。

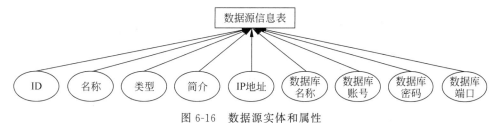

图 6-16　数据源实体和属性

在数据清洗功能中包含了数据清洗规则的选择,数据清洗规则作为一个实体,包含规则唯一标识、规则名称、规则描述、规则执行算法地址等基础属性,如图 6-17 所示。

在数据融合功能中包含了融合规则的选择,融合规则同样作为实体,包含规则唯一标识、规则名称、规则描述、规则执行算法地址等基础属性,如图 6-18 所示。

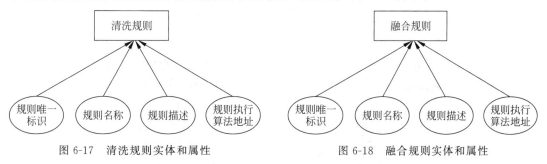

图 6-17　清洗规则实体和属性　　　　图 6-18　融合规则实体和属性

数据训练功能需要进行数据训练算法模型的选择,那么算法模型也可以作为一个实体进行设计。算法模型实体包含模型唯一标识、模型名称、模型描述、模型路径等属性,如

图 6-19 所示。

2. 逻辑设计

数据源信息表目前只包含了数据源信息的基础属性,由于数据源的类型并不唯一,同时也有自身包含的属性,考虑到数据源信息还包含父级与子级,所以可以将数据源类型提取出来作为一个实体,如图 6-20 所示。

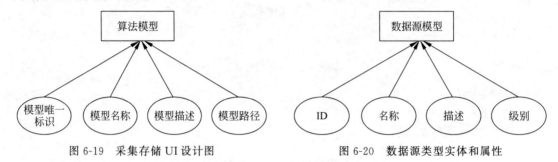

图 6-19 采集存储 UI 设计图   图 6-20 数据源类型实体和属性

前面在介绍角色管理模块时讲解了角色授权功能(具体包含功能授权与数据授权),因此,在进行数据源信息表的设计以及清洗规则表、融合规则表、训练算法表的设计时应考虑包含用户 ID 属性作为外键。由此,可以设计出对应的 E-R 图,如图 6-21~图 6-24 所示。

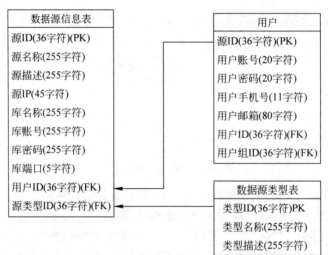

图 6-21 数据源信息 E-R 图

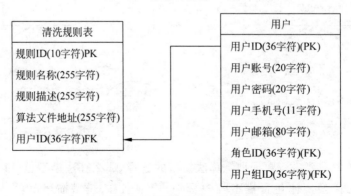

图 6-22 清洗规则 E-R 图

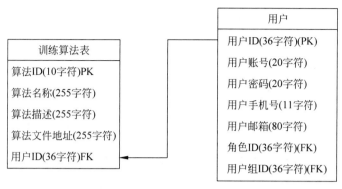

图 6-23　训练算法 E-R 图

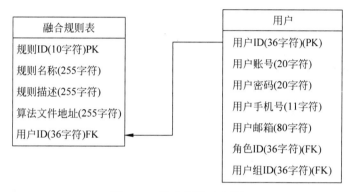

图 6-24　融合规则 E-R 图

6.3.3　模块编码开发

数据融合模块包含了系统的核心功能,该模块编码不仅应包含必需的接口,还应包含数据处理的编码。

1. 后端编码开发

数据源信息需要从数据库读取,因此需要进行数据源信息的查询接口编码。同一般的接口编码一样,首先需要建立数据源信息的实体类。

1) SourceBean

```
private String sourceId;
private String sourceName;
private String sourceDesc;
private String sourceIp;
private int sourceTypeId;
private String sourceTypeName;
private String dbName;
private String dbAccount;
private String dbPwd;
private String dbPort;
private String fileAddress;
private String urlAddress;
```

```
private int sourceType;
private int level;
private String userId;
private String selectdb;
private String tableName;
private String insertDb;
```

2）SourceTypeBean

```
private int sourceTypeId;
private String sourceTypeName;
private int level;
private int sourceType;
```

3）ModelBean

```
private String modelId;
private String modelName;
private String modelTypeId;
private String modelTypeName;
private String modelPath;
private String userId;
```

4）相关 Service 以及 Mapper 文件编码

```
/**
 * 查询所有数据源
 * @return
 */
public List < SourceBean > selectSourceAll() {
    return mapper.selectSourceAll();
}
/**
 * 查询所有数据源类型
 * @return
 */
public List < SourceTypeBean > selectSourceTypeAll() {
    return mapper.selectSourceTypeAll();
}
/**
 * 查询所有数据库
 * @return
 */
public List < SourceResponseBean > selectDbAll() {
    return mapper.selectDbAll();
}
```

5）Mapper

```
< select id = "selectSourceAll" resultType = "com. web. bean. SourceBean">
    select *
```

```
      from d_source;
  </select>
  <select id = "selectSourceTypeAll" resultType = "comweb. bean. SourceTypeBean">
      select *
      from d_source_type;
  </select>
  <select id = "selectDbAll" resultType = "com. web. bean. response_bean. SourceResponseBean">
      select a. sourceTypeId, a. sourceTypeName, b. *
      from d_source_type as a,
          d_source as b
      group by (select sourceTypeId from d_source_type);
  </select>
```

2. 逻辑部分编码开发

```
@RequestMapping(value = "/getAllSource", method = RequestMethod.GET)
  private RespBean getAllSource() {
      Utils.insertLog(logService, LogType. dataLook);
      List < SourceResponseBean > responseBeans = new ArrayList <>();
      List < SourceBean > sourceBeans = dataService. selectSourceAll(Utils. getUserId());
      List < SourceTypeBean > sourceTypeBeans = dataService. selectSourceTypeAll();

      for (int i1 = 0; i1 < sourceTypeBeans. size(); i1++) {
          List < SourceBean > sourceBeans1 = new ArrayList <>();
          SourceResponseBean sourceResponseBean = new SourceResponseBean();
          sourceResponseBean. setSourceTypeId(sourceTypeBeans. get(i1). getSourceTypeId());
          sourceResponseBean. setSourceTypeName(sourceTypeBeans. get(i1). getSourceTypeName
());
          sourceResponseBean. setLevel(sourceTypeBeans. get(i1). getLevel());
          sourceResponseBean. setSourceType(sourceTypeBeans. get(i1). getSourceType());

          for (int i = 0; i < sourceBeans. size(); i++) {
              if (sourceBeans. get (i). getSourceTypeId ( ) = = sourceTypeBeans. get (i1).
getSourceTypeId()) {
                  sourceBeans1. add(sourceBeans. get(i));
              }
          }
          sourceResponseBean. setSource(sourceBeans1);
          responseBeans. add(sourceResponseBean);
      }
//    System. out. println(new Gson(). toJson(responseBeans));
      return RespBean. onRespSuccess(RespBean. SUCCESS_CODE, responseBeans);
  }
@PostMapping(value = "/getDBTables")
private RespBean getDBTables(@RequestParam String name) {
    Utils.insertLog(logService, LogType. dataLook);
    SourceBean bean = dataService. selectSourceById(name);
    DataSourceRequest dataSourceRequest = DataSourceManage. getDataSourceRequest(bean);
    try {
        List < DBTableBean > tableData = DataSourceManage. getTableData(dataSourceRequest);
        return RespBean. onRespSuccess(RespBean. SUCCESS_CODE, tableData);
```

```
    } catch (Exception e) {
        e.printStackTrace();
        return RespBean.onRespFailure(RespBean.FAIL_CODE, "查询失败");
    }
}
```

通过 Spark 框架进行数据库数据的抽取和存储：

```
public static int collectData(SourceBean bFrom, SourceBean bTarget, String tabFrom, String
tabTarget) {
    JavaSparkContext sparkContext = new JavaSparkContext ( new SparkConf ( ). setAppName
("SparkMysql"). setMaster("local[5]"));
    SQLContext sqlContext = new SQLContext(sparkContext);
    Dataset < Row > row = readDB(sqlContext, bFrom, tabFrom);
    JavaRDD < Row > javaRDD = row. javaRDD();
    int i = javaRDD. collect(). size();
    try {
        writeDB(sqlContext, bTarget, tabTarget, javaRDD, row, 0);
    } catch (Exception e) {
        e. printStackTrace();
        sparkContext. stop();
        return 0;
    }
    sparkContext. stop();
    return i;
}
private static Dataset < Row > readDB(SQLContext sqlContext, SourceBean bean, String table) {
    DBConfig config = getConfig(bean);
    //增加数据库的用户名(user)和密码(password),指定 test 数据库的驱动(driver)
    Properties connectionProperties = new Properties();
    connectionProperties. put("user", config. userName);
    connectionProperties. put("password", config. password);
    connectionProperties. put("driver", config. driver);
    //SparkJdbc 读取 Postgresql 的 products 表内容
    // 读取表中所有数据
    Dataset < Row > select = sqlContext. read ( ). jdbc ( config. jdbcUrl, table,
connectionProperties). select(" * ");
    return select;
}
public static void writeDB (SQLContext sqlContext, SourceBean bean, String table, JavaRDD
< Row > javaRDD, Dataset < Row > dataset, int type) throws Exception {
    DBConfig config = getConfig(bean);
    //增加数据库的用户名(user)密码和(password),指定 test 数据库的驱动(driver)
    Properties connectionProperties = new Properties();
    connectionProperties. put("user", config. userName);
    connectionProperties. put("password", config. password);
    connectionProperties. put("driver", config. driver);
    //SparkJdbc 读取 Postgresql 的 products 表内容
    Dataset < Row > dataFrame = null;
    if (type == 0) {
        List structFields = new ArrayList();
```

```
        List < DBTableBean > allColumn = DataSourceManage. getAllColumn (DataSourceManage.
getDataSourceRequest(bean), table);
        for (int i = 0; i < allColumn. size(); i++) {
            structFields. add(DataTypes. createStructField(allColumn. get(i). getColumnName(),
changeType(allColumn. get(i). getDataType()), true));
        }
        StructType structType = DataTypes. createStructType(structFields);
        dataFrame = sqlContext. createDataFrame(javaRDD, structType);
    } else {
        dataFrame = dataset;
    }
    switch (type) {
        case 1:
            dataFrame. write ( ). mode (" append"). jdbc (config. jdbcUrl, " temp _" + table,
connectionProperties);
            break;
        case 2:
            dataFrame. write ( ). mode ( " overwrite"). jdbc ( config. jdbcUrl, table,
connectionProperties);
            break;
        case 3:
            dataFrame. write ( ). mode (" ignore"). jdbc (config. jdbcUrl, " temp _" + table,
connectionProperties);
            break;
        default:
            dataFrame. write ( ). mode ( " append "). jdbc ( config. jdbcUrl, table,
connectionProperties);
            break;
    }
}
```

利用 Spark 进行数据的初步处理：

```
public static int[] dataClear(SourceBean bFrom, String table, String ruleId, int type) throws
Exception {
    String[ ] rule = ruleId. split(",");
    int[ ] r = new int[ ]{ - 1, - 1, - 1, - 1}; //总数 异常清除 重复清除 执行时间
    JavaSparkContext sparkContext = new JavaSparkContext(new SparkConf( ). setAppName("
SparkMysql"). setMaster("local[5]"));
    SQLContext sqlContext = new SQLContext(sparkContext);
    Dataset < Row > row = readDB(sqlContext, bFrom, table);
    row. show( );
    int size = row. javaRDD( ). collect( ). size( );
    r[0] = size;
    String[ ] columns = row. columns( );
    Dataset < Row > endRow = null;
    int insertType = 1;
    switch (rule. length) {
        case 1:      //执行格式化
            endRow = row;
            break;
        case 2:      //执行 格式化 ----- 异常清除 重复清除中的一个
```

```
            if (rule[1].equals("1")) {
                Dataset<Row> any = row.na().drop("any");
                endRow = doFilter(bFrom, table, any, columns);
                insertType = 3;
            } else {
                endRow = row.dropDuplicates(columns[7]);
            }
            r[1] = (int)(r[0] - endRow.count());
            break;
        case 3:          //全部执行
            Dataset<Row> drop = row.na().drop("any", columns);
            drop = doFilter(bFrom, table, drop, columns);
            long countNa = drop.count();
            endRow = drop.dropDuplicates(columns[7]);
            long countDup = endRow.count();
            r[1] = (int)(r[0] - countNa);
            r[2] = (int)countNa - (int)countDup;
            break;
        }
        try {
            writeDB(sqlContext, bFrom, table, null, endRow, insertType);
        } catch (Exception e) {
            e.printStackTrace();
            System.out.println(e.toString());
        }
        sparkContext.stop();
        return r;
    }


private static Dataset<Row> doFilter(SourceBean bean,
String table, Dataset<Row> row, String[] col) throws Exception {
        List<DBTableBean> allColumn = DataSourceManage.getAllColumn(
DataSourceManage.getDataSourceRequest(bean), table);
        for (int i = 0; i < allColumn.size(); i++) {
            DataType type = changeType(allColumn.get(i).getDataType());
            if (DataTypes.IntegerType.sameType(type)) {
                continue;
            } else {
                row = row.filter(col[i] + "!= ''");
            }
        }
        return row;
    }
```

3. 运行效果

运行效果如图 6-25 所示。

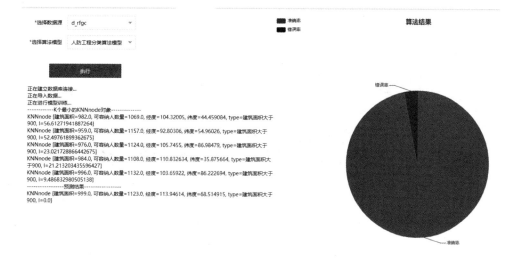

图 6-25　运行效果

第7章

数据获取与分析应用微服务开发与实践

在微服务的使用中,不一定完全采用 Java 语言进行程序设计。在数据工程领域,尤其是针对数据的获取、分析、计算等操作,Python 或其他语言更为流行。采用 Python 开发的程序也可以嵌入 Spring Cloud 模式中进行管理。本章通过引入一个 Python 编写的数据获取与分析工程实例,介绍基于微服务的数据获取与分析应用工程开发。

7.1 相关环境与配置

7.1.1 Python3 环境安装与配置

1. 下载 Python 的安装软件

在 Python 官网可以下载相关安装包,一般推荐下载 executable installer,其中,x86 表示 32 位机,x86-64 表示 64 位机,如图 7-1 所示。

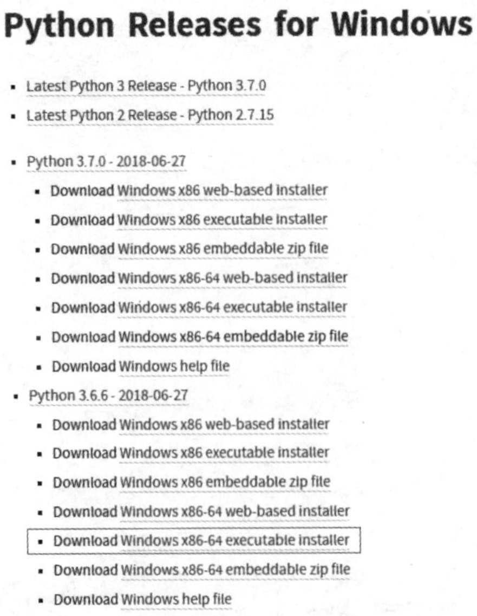

Python Releases for Windows

- Latest Python 3 Release - Python 3.7.0
- Latest Python 2 Release - Python 2.7.15

- Python 3.7.0 - 2018-06-27
  - Download Windows x86 web-based installer
  - Download Windows x86 executable installer
  - Download Windows x86 embeddable zip file
  - Download Windows x86-64 web-based installer
  - Download Windows x86-64 executable installer
  - Download Windows x86-64 embeddable zip file
  - Download Windows help file
- Python 3.6.6 - 2018-06-27
  - Download Windows x86 web-based installer
  - Download Windows x86 executable installer
  - Download Windows x86 embeddable zip file
  - Download Windows x86-64 web-based installer
  - Download Windows x86-64 executable installer
  - Download Windows x86-64 embeddable zip file
  - Download Windows help file

图 7-1　Windows 系统下各版本 Python 软件

2. 安装并配置环境变量

下载完成之后，双击运行文件，进行安装，记得选中 Add Python 3.6 to PATH 复选框，其配置界面如图 7-2 所示。

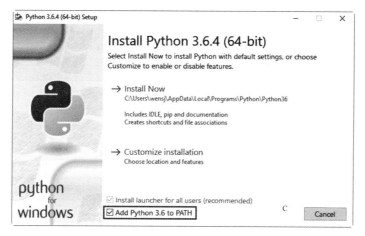

图 7-2　选中 Add Python 3.6 to PATH 复选框

安装完成之后，打开环境变量编辑器，在原环境变量的基础上添加 Python 的环境变量，即在原环境变量基础上添加 Python 的安装路径，中间用分号隔开，环境变量配置过程如图 7-3 所示。

最后，在命令行界面输入 python，若安装成功，则出现如图 7-4 所示的窗口。

图 7-3　配置环境变量

图 7-4　验证安装 Python 是否成功

7.1.2　Redis 环境安装与配置

1. 下载 Redis 的安装包

可扫描二维码下载 Redis 的安装包对应的压缩文件。下载 Redis 安装包界面如图 7-5 所示。

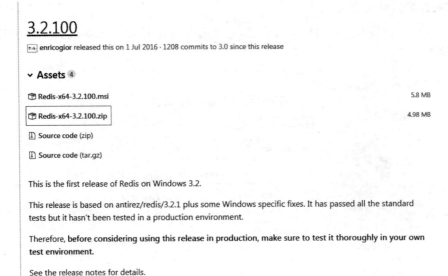

图 7-5　下载 Redis 安装包界面

2. 解压并配置环境变量

解压下载完成的压缩文件,并将文件夹名称更改为 redis,打开环境变量编辑器,将 Redis 的路径添加进去,中间以分号隔开。Redis 环境变量的配置如图 7-6 所示。

图 7-6　配置 Redis 的环境变量

3. 验证 Redis 是否安装成功

在命令行界面输入 redis-server 进行安装成功与否的检测,若出现如图 7-7 所示的窗口则表示安装成功。

图 7-7　验证 Redis 是否安装成功

7.2　数据分析应用服务架构设计

在相关环境配置完成以后,开始对数据获取与分析服务架构进行设计,其主要架构如图 7-8 所示。架构首先可以提供具有后台数据库服务,其次通过设计股票数据获取、股票数据分析微服务开发的设计,完成数据的获取与分析,其间会使用 Redis 缓存、定时器等关键技术,通过计算后将结果以可视化形式发送到用户。

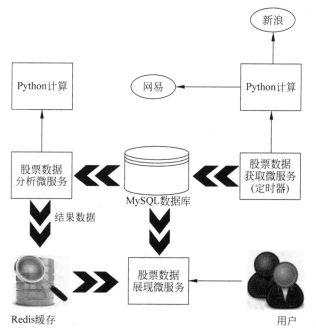

图 7-8　数据分析应用服务架构设计图

7.3 数据库设计与实践

本节采用达梦数据库对股票数据进行存储。达梦数据库的安装与配置在前面已有详细介绍，此处不再赘述。其中，MySQL 字段名称及类型具体见图 7-9。采用定时器微服务对每天的股票数据定时进行获取并将之存储到数据库中。首先设计数据库的模式。利用 Navcat 设计的数据模型如图 7-10 所示。

图 7-9　MySQL 字段名称及类型

名	类型	长度	小数点	不是 null	
date	datetime	0	0	☑	
id	varchar	30	0	☑	🔑1
stock_id	varchar	10	0	☐	
stock_name	varchar	50	0	☐	
closing_price	decimal	8	2	☐	
opening_price	decimal	8	2	☐	
max_price	decimal	8	2	☐	
min_price	decimal	8	2	☐	
closing_price_yesterday	decimal	8	2	☑	
change_price	decimal	8	2	☐	
change_extent	decimal	5	2	☐	
volume	double	15	0	☐	
amout	double	20	0	☐	

默认：

注释：

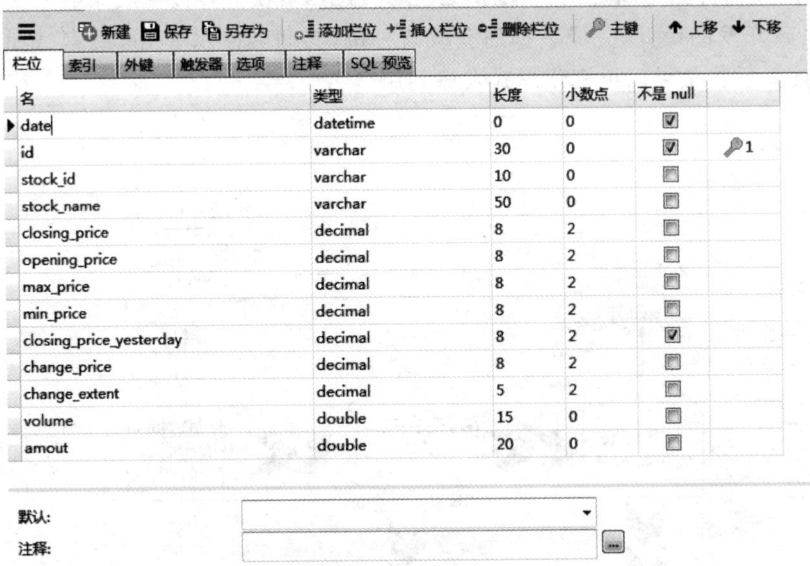

图 7-10　数据模型图

7.4 数据获取微服务的开发与实践

在设计好数据结构以后，需要通过数据获取微服务对数据进行获取。这里采用网络公开的数据接口，接口地址及说明如下：

```
http://quotes. money. 163. com/service/chddata. html?code = [股票代码]&start = [开始日期]&end =
[结束日期]&fields = [自定义列]
```

返回结果为包含历史股价及相关情况的 CSV 文件。其中,自定义列可定义 TCLOSE
(收盘价)、HIGH(最高价)、LOW(最低价)、TOPEN(开盘价)、LCLOSE(前收盘价)、CHG
(涨跌额)、PCHG(涨跌幅)、TURNOVER(换手率)、VOTURNOVER(成交量)、
VATURNOVER(成交金额)、TCAP(总市值)、MCAP(流通市值)等。

例如,如果要获取代码为 0601857 从 2007-11-05 到 2018-09-18 区间的相关股票数据,
则请求地址可以写成如下形式:

```
http://quotes. money. 163. com/service/chddata. html? code = 0601857&start = 20071105&end =
20180918&fields = TCLOSE; HIGH; LOW; TOPEN; LCLOSE; CHG; PCHG; TURNOVER; VOTURNOVER;
VATURNOVER; TCAP; MCAP
```

根据以上内容,给出进行数据获取的 Python 代码:

```python
import urllib, time
def get_page(url):                              # 获取页面数据
    req = urllib. request. Request(url, headers = {
        'Connection': 'Keep - Alive',
        'Accept': 'text/html, application/xhtml + xml, * / * ',
        'Accept - Language': 'zh - CN, zh; q = 0.8',
        'User - Agent': 'Mozilla/5.0 (Windows NT 6.3; WOW64; Trident/7.0; rv: 11.0) like Gecko'
    })
    opener = urllib. request. urlopen(req)
    page = opener. read()
    return page

def get_index_history_byNetease(index_temp):
    param index_temp: for example, 'sh000001' 上证指数
    return:
    index_type = index_temp[0: 2]
    index_id = index_temp[2: ]
    if index_type == 'sh':
        index_id = '0' + index_id
    if index_type == "sz":
        index_id = '1' + index_id
    url = 'http://quotes. money. 163. com/service/chddata. html?code = % s&start = 19900101&end = %
s&fields = TCLOSE; HIGH; LOW; TOPEN; LCLOSE; CHG; PCHG; VOTURNOVER; VATURNOVER' % (index_id,
time. strftime(" % Y % m % d"))

    page = get_page(url). decode('gb2312')      # 该段获取原始数据
    page = page. split('\r\n')
    col_info = page[0]. split(',')              # 各列的含义
    index_data = page[1: ]                      # 真正的数据

    # 为了与现有的数据库对应,这里修改了列名,不改也没关系
    col_info[col_info. index('日期')] = '交易日期'       # 该段更改列名称
    col_info[col_info. index('股票代码')] = '指数代码'
```

```
col_info[col_info.index('名称')] = '指数名称'
col_info[col_info.index('成交金额')] = '成交额'

index_data = [x.replace("'",'') for x in index_data]      #去掉指数编号前的"'"
index_data = [x.split(',') for x in index_data]

index_data = index_data[0: index_data.__len__() - 1]      #最后一行为空,需要去掉
pos1 = col_info.index('涨跌幅')
pos2 = col_info.index('涨跌额')
posclose = col_info.index('收盘价')
index_data[index_data.__len__() - 1][pos1] = 0            #最下面行涨跌额和涨跌幅
index_data[index_data.__len__() - 1][pos2] = 0
for i in range(0, index_data.__len__() - 1):
    if index_data[i][pos2] == 'None':
        index_data[i][pos2] = float(index_data[i][posclose]) - float(index_data[i + 1]
[posclose])
    if index_data[i][pos1] == 'None':
        index_data[i][pos1] = (float(index_data[i][posclose]) - float(index_data[i + 1]
[posclose]))/float(index_data[i + 1][posclose])
    return [index_data, col_info]
#用 Python 写一个 HTTP 服务,输入为股票代码,输出为历史数据
get_index_history_byNetease('sh000001')
```

使用 HTTP 将该服务发布出去,具体代码如下:

```
from flask import Flask
import sys
from flask import request
sys.path.append('../dataGet/')
import wangyiData
app = Flask(__name__)

@app.route('/getdatabystockID/')
def index(stockid = "sh000001"):
    if(any(request.args.get("stockid"))):
        stockid = request.args.get("key")
        data = wangyiData.get_index_history_byNetease(stockid)
    return str(data)
    if __name__ == '__main__':
        app.run(port = 8000, debug = True)
```

运行 8000 端口的一个 HTTP 服务,获取股票数据,然后返回给请求端。

在编写完这个 Web 服务后,基于 Consulate(一个 Python 客户端库)单独编写服务注册代码,将其注册到微服务管理中心,成为一个可以独立运行的、与服务管理中心有定期心跳确认的微服务。

7.5　数据分析微服务开发与实践

本节介绍如何实现数据分析相关模块并基于 Consulate 库将模块封装成微服务。

7.5.1　定义神经网络变量

神经网络变量主要包括输入层权重加上输出层权重,即

$$\text{weights：input weights＋output weights}$$

在进入卷积神经网络单元前,要经过一层隐藏层,卷积神经网络单元完成计算后将结果输出到输出层。下面定义单元前后的两层隐藏层,包括权重和偏置。

```
#输入层、输出层权重、偏置、dropout 参数
 #随机产生 w,b
 weights = {
  'in': tf.Variable(tf.random_normal([input_size, rnn_unit])),
  'out': tf.Variable(tf.random_normal([rnn_unit, 1]))
 }
 biases = {
  'in': tf.Variable(tf.constant(0.1, shape = [rnn_unit, ])),
  'out': tf.Variable(tf.constant(0.1, shape = [1, ]))
 }
 keep_prob = tf.placeholder(tf.float32, name = 'keep_prob') #dropout 防止过拟合
```

7.5.2　LSTM 函数定义

对 LSTM 函数进行定义并设置对应参数,具体代码如下:

```
def lstm(X):    #参数：输入网络批次数目
    batch_size = tf.shape(X)[0]
    time_step = tf.shape(X)[1]
    w_in = weights['in']
    b_in = biases['in']
    #忘记门(输入门)
    #因为要进行矩阵乘法,所以 reshape
    #需要将 tensor 转成二维进行计算
    input = tf.reshape(X, [ -1, input_size])
    input_rnn = tf.matmul(input, w_in) + b_in
    #将 tensor 转成三维,计算后的结果作为忘记门的输入
    input_rnn = tf.reshape(input_rnn, [ -1, time_step, rnn_unit])
    print('input_rnn', input_rnn)
    #更新门
    #构建多层 LSTM
    cell = tf.nn.rnn_cell.MultiRNNCell([lstmCell() for i in range(lstm_layers)])
    init_state = cell.zero_state(batch_size, dtype = tf.float32)
    #输出门
    w_out = weights['out']
    b_out = biases['out']
    #output_rnn 是最后一层每步的输出
    #final_states 是每一层的最后一步的输出
    output_rnn, final_states = tf.nn.dynamic_rnn(cell, input_rnn, initial_state = init_state, dtype = tf.float32)
    output = tf.reshape(output_rnn, [ -1, rnn_unit])
    #输出值,同时作为下一层输入门的输入
    pred = tf.matmul(output, w_out) + b_out
    return pred, final_states
```

7.5.3　训练模型函数

训练模型函数为 train_lstm,其定义及输入参数设置代码如下:

```
def train_lstm(batch_size = 60, time_step = 20, train_begin = 0, train_end = train_end_
index):
        #每次将一个minibatch传入 x = tf.placeholder(tf.float32,[None,32])
        #用下次传入的x替换上次传入的x
        #对于所有传入的minibatch x只会产生一个op
        #不会产生多余op,进而减少了graph的开销
        X = tf.placeholder(tf.float32, shape = [None, time_step, input_size])
        Y = tf.placeholder(tf.float32, shape = [None, time_step, output_size])
        batch_index, train_x, train_y = get_train_data(batch_size, time_step, train_
begin, train_end)
        with tf.variable_scope("sec_lstm"):
         pred, state_ = lstm(X) #pred输出值,state_是每层最后一步的输出
        print('pred,state_', pred, state_)
        #损失函数
        #[-1]——列表从最后一列的pred为预测值,Y为真实值(Label)
        #tf.reduce_mean函数用于计算张量在指定数轴(张量某一维度)的平均值
loss = tf.reduce_mean(tf.square(tf.reshape(pred, [-1]) - tf.reshape(Y, [-1])))
#误差反向传播——均方误差损失
#本质是带有动量项的RMSprop,利用梯度的一阶矩估计和二阶矩估计动态调整每个参数的学习率
#Adam的优点是经过偏置校正后,每次迭代学习率都有一个确定范围使得参数比较稳定
train_op = tf.train.AdamOptimizer(lr).minimize(loss)
saver = tf.train.Saver(tf.global_variables(), max_to_keep = 15)
 with tf.Session() as sess:
   #初始化
   sess.run(tf.global_variables_initializer())
   theloss = []
   #迭代次数
   for i in range(200):
     for step in range(len(batch_index) - 1):
     #sess.run(b, feed_dict = replace_dict)
       state_, loss_ = sess.run([train_op, loss],
                     feed_dict = {X: train_x[batch_index[step]: batch_index[step + 1]],
Y: train_y[batch_index[step]: batch_index[step + 1]],keep_prob: 0.5})
#使用feed_dict完成矩阵乘法,处理多输入
#feed_dict的作用是给使用placeholder创建出来的tensor赋值
#[batch_index[step]: batch_index[step + 1]]这个区间的X与Y
#keep_prob表示神经元可能留下的概率,如果keep_prob为0,即所有神经元都失活
     print("Number of iterations: ", i, " loss: ", loss_)
     theloss.append(loss_)
   print("model_save: ", saver.save(sess, 'model_save2\\modle.ckpt'))
   print("The train has finished")
return theloss

theloss = train_lstm()
```

7.5.4　预测模型

预测模型及对应参数设置的相关代码如下:

```
# ——————————————————预测模型——————————————————
    def prediction(time_step = 20):
        X = tf.placeholder(tf.float32, shape = [None, time_step, input_size])
        mean, std, test_x, test_y = get_test_data(time_step)
        # 用 tf.variable_scope 来定义重复利用,LSTM 会经常用到
        with tf.variable_scope("sec_lstm", reuse = tf.AUTO_REUSE):
            pred, state_ = lstm(X)
        saver = tf.train.Saver(tf.global_variables())
        with tf.Session() as sess:
            # 参数恢复(读取已存在模型)
            module_file = tf.train.latest_checkpoint('model_save2')
            saver.restore(sess, module_file)
            test_predict = []
            for step in range(len(test_x) - 1):
                predict = sess.run(pred, feed_dict = {X: [test_x[step]], keep_prob: 1})
                predict = predict.reshape((-1))
                test_predict.extend(predict)     # 将 predict 的内容添加到列表
            # 相对误差 =(测量值 - 计算值)/计算值 × 100 %
            test_y = np.array(test_y) * std[n1] + mean[n1]
            test_predict = np.array(test_predict) * std[n1] + mean[n1]
            acc = np.average(np.abs(test_predict - test_y[: len(test_predict)]) / test_y
[: len(test_predict)])
            print("预测的相对误差: ", acc)
            print(theloss)
            plt.figure()
            plt.plot(list(range(len(theloss))), theloss, color = 'b', )
            plt.xlabel('times', fontsize = 14)
            plt.ylabel('loss value', fontsize = 14)
            plt.title('loss ----- blue', fontsize = 10)
            plt.show()
            # 以折线图表示预测结果
            plt.figure()
            plt.plot(list(range(len(test_predict))), test_predict, color = 'b', )
            plt.plot(list(range(len(test_y))), test_y, color = 'r')
            plt.xlabel('time value/day', fontsize = 14)
            plt.ylabel('close value/point', fontsize = 14)
            plt.title('predict ----- blue, real ----- red', fontsize = 10)
            plt.show()
    prediction()
```

在上述代码示例中,首先进行了训练集与测试集的函数定义,然后定义神经网络变量、输入层、输出层权重,再继续定义模型,定义完模型之后进行模型训练,训练完模型之后,基于训练后的模型参数进行预测。

由图 7-11 可以看到,在整个训练过程中,损失值随数据的增加、训练次数的增加,不断趋于稳定,当数据与训练次数足够大的时候,这个损失值将会更稳定,预测也将更加准确。

图 7-12 展示了在整个训练过程中,预测的数据值与真实的数据值对比。由图 7-12 可以看出,在一开始,预测值与真实值存在较大误差,随着训练次数增加,预测值更加接近真实值。

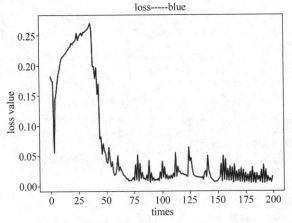

图 7-11   预测输出结果一

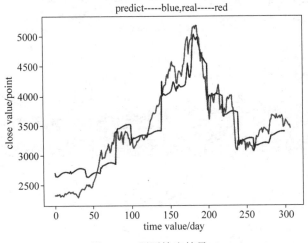

图 7-12   预测输出结果二

7.5.5   结果对比

在此展示一些训练结果来做对比,选取数据集为数据集 1。

(1)假设忘记偏置=1.0,LSTM 单元数=2,训练结果对比如图 7-13 所示。

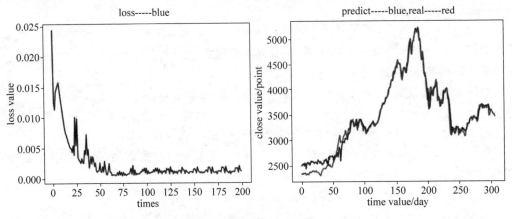

图 7-13   训练结果对比图一

（2）假设忘记偏置＝0.7，LSTM 单元数＝2（表现最好），训练结果对比如图 7-14 所示。

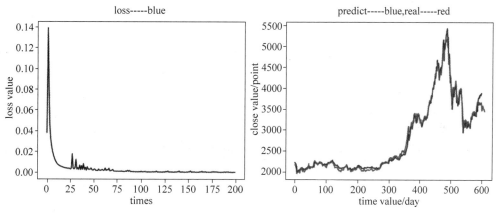

扫二维码
看彩图

图 7-14　训练结果对比图二

（3）假设忘记偏置＝1.0，LSTM 单元数＝7，训练结果对比如图 7-15 所示。

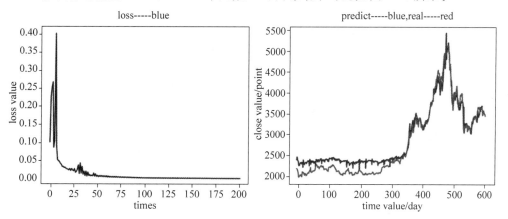

扫二维码
看彩图

图 7-15　训练结果对比图三

（4）假设忘记偏置＝1.0，LSTM 单元数＝14，训练结果对比如图 7-16 所示。

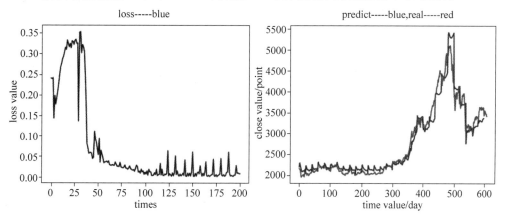

扫二维码
看彩图

图 7-16　训练结果对比图四

（5）假设忘记偏置＝0.7，LSTM 单元数＝7，训练结果对比如图 7-17 所示。

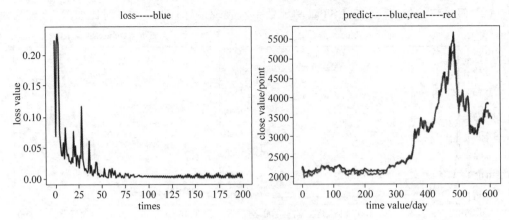

图 7-17　训练结果对比图五

（6）假设忘记偏置＝0.4，LSTM 单元数＝7，训练结果对比如图 7-18 所示。

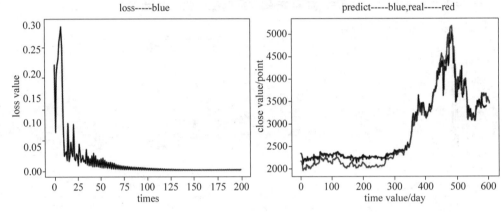

图 7-18　训练结果对比图六

　　在模型的训练过程中，需要不断寻找最合适的参数设置，才能得到最合适的模型进行数据的预测。

　　同样，可以将该数据分析微服务通过 Consul 注册到微服务的管理中心，成为一个支持 Spring Cloud 集群管理、负载均衡的微服务节点。

参 考 文 献

[1] Alshuqayran N, N. Ali N, Evans R. Towards Micro Service Architecture Recovery: An Empirical Study[C]//IEEE International Conference on Software Architecture (ICSA),2018.

[2] Avritzer A,Ferme V,A. Janes A,et al. A Quantitative Approach for the Assessment of Microservice Architecture Deployment Alternatives by Automated Performance Testing [C]// European Conference on Software Architecture,2018.

[3] Avritzer A,Menasché D, Rufino V, et al. PPTAM: Production and Performance Testing Based Application Monitoring[C]// Companion of the 2019 ACM/SPEC International Conference,2019.

[4] Bao L, Wu C, Bu X,et al. Performance Modeling and Workflow Scheduling of Microservice-Based Applications in Clouds[J]. IEEE Transactions on Parallel and Distributed Systems,2019: 2114-2129.

[5] Buehler D, Falkenberg M, Tchamabe A,et al. Adaptable management of web application state in a micro-service architecture[P]. US10275235B2,2019.

[6] Cardarelli M, Iovino L, Francesco P D,et al. An extensible data-driven approach for evaluating the quality of microservice architectures[C]//Proceedings of the 34th ACM/SIGAPP Symposium on Applied Computing,2019.

[7] Cerny T, Donahoo M J, Trnka M. Contextual understanding of microservice architecture: current and future directions[J]. ACM SIGAPP Applied Computing Review,2018,17(4): 29-45.

[8] Daya S,Van Duy N,Eati K,et al. Microservices from Theory to Practice: Creating Applications in IBM Bluemix Using the Microservices Approach. IBM Redbooks,2016.

[9] Filip I D,Pop F,Serbanescu C,et al. Microservices Scheduling Model Over Heterogeneous Cloud-Edge Environments As Support for IoT Applications[J]. IEEE Internet of Things Journal,2018,PP(99): 1-1.

[10] Guerrero C, Lera I, Juiz C. Genetic Algorithm for Multi-Objective Optimization of Container Allocation in Cloud Architecture[J]. Journal of Grid Computing,2018,16(1): 113-135.

[11] Hassan S,Bahsoon R,Kazman R. Microservice transition and its granularity problem: A systematic mapping study[EB/OL]. https://arxiv. org/abs/1903. 11665.

[12] Heorhiadi V,Jamjoom H T,RajagopalanS. Failure recovery testing framework for microservice-based applications[P],US09842045B2,2017.

[13] Kwan A, Jacobsen H A, Chan A, et al. Microservices in the modern software world [C]// Proceedings of the 26th Annual International Conference on Computer Science and Software Engineering,2016.

[14] Lv J,Wei M, Yu Y. A Container Scheduling Strategy Based on Machine Learning in Microservice Architecture[C]//IEEE International Conference on Services Computing,2019.

[15] Piccialli F,Benedusi P,Amatoet F. S-InTime: A social cloud analytical service oriented system[J]. Future generations computer systems,2018,80: 229-241.

[16] Samanta A, Li Y, Esposito F. Battle of Microservices: Towards Latency-Optimal Heuristic Scheduling for Edge Computing[C]// IEEE Conference on Network Softwarization,2019.

[17] Sharma D, Anandan R, Manikandan A, et al. Building microservice for user engagement [J]. International Journal of Engineering & Technology,2018,7(22): 420-42.

[18] Viggiato M,Terra R,Rocha H,et al. Microservices in Practice: A Survey Study[EB/OL]. https://

arxiv. org/abs/1808. 04836.

[19] Villamizar M，O Garcés，Ochoa L，et al. Infrastructure Cost Comparison of Running Web Applications in the Cloud Using AWS Lambda and Monolithic and Microservice Architectures[C]// 16th IEEE/ACM International Symposium on Cluster，Cloud and Grid Computing，2016.

[20] Zhu X. Case Ⅱ：Micro Platform，Major Innovation—WeChat-Based Ecosystem of Innovation[J]. China's Technology Innovators：Springer，2018：33-52.

[21] Zhu X，Gong X，Tsang D. The optimal macro control strategies of service providers and microservice selection of users：quantification model based on synergetics[J]. Wireless Networks，2017，24(6)：1991-2004.

[22] Bin J，Gardiner B，Liu Z，et al. Attention-based multi-modal fusion for improved real estate appraisal：a case study in Los Angeles[J]. Multimedia Tools and Applications，2019，78(22)：31163-31184.

[23] Child R，Gray S，Radford A，et al. Generating long sequences with sparse transformers[EB/OL]. https://arxiv. org/abs/1904. 10509.

[24] Elbayad M，Besacier L，Verbeek J. Pervasive attention：2d convolutional neural networks for sequence-to-sequence prediction[EB/OL]. https：//arxiv. org/abs/1808. 03867.

[25] Fernando T，Denman S，Sridharan S，et al. Soft＋hardwired attention：An LSTM framework for human trajectory prediction and abnormal event detection[J]. Neural Networks，2018，(108)：466-478.

[26] Fu X，Gao F，Wu J，et al. Spatiotemporal Attention Networks for Wind Power Forecasting[EB/OL]. https：//arxiv. org/abs/1909. 07369.

[27] Guo S，Lin Y，Feng N，et al. Attention Based Spatial-Temporal Graph Convolutional Networks for Traffic Flow Forecasting[C]//Proceedings of the AAAI Conference on Artificial Intelligence，2019.

[28] Humphreys G W，Sui J. Attentional control and the self：the Self-Attention Network (SAN)[J]. Cognitive neuroscience，2016，7(1-4)：5-17.

[29] Liang Y，Ke S，Zhang J，et al. GeoMAN：Multi-level Attention Networks for Geo-sensory Time Series Prediction[C]//21st International Joint Conference on Artificial Intelligence，2018.

[30] Liu Y，Gong C，Yang L，et al. DSTP-RNN：a dual-stage two-phase attention-based recurrent neural networks for long-term and multivariate time series prediction[EB/OL]. https://arxiv. org/abs/1904. 07464.

[31] Liu Y，Zhang L，Song L，et al. Attention-based recurrent neural networks for accurate short-term and long-term dissolved oxygen prediction[J]. Computers and Electronics in Agriculture，2019，165：104964.

[32] Sun Y，Jiang G，Lam S K，et al. Bus Travel Speed Prediction using Attention Network of Heterogeneous Correlation Features[C]//Proceedings of the 2019 SIAM International Conference on Data Mining，2019.

[33] Thielen H，Gillebert C. Sensory sensitivity：Should we consider attention in addition to prediction? [J]. Cognitive Neuroscience，2019，10(3)：158-160.

[34] Wang T，Wan X. Hierarchical Attention Networks for Sentence Ordering[C]// Proceedings of the AAAI Conference on Artificial Intelligence，2019.

[35] Won M，Chun S，Serra X. Visualizing and Understanding Self-attention based Music Tagging[EB/OL]. https://arxiv. org/abs/1911. 04385.

[36] Zeng X，Feng Y，Moosavinasab S，et al. Multilevel Self-Attention Model and its Use on Medical Risk Prediction[J]. Pacific Symposium on Biocomputing，2020，25：115-126.

[37] 林闯,陈莹,黄霁崴,等. 服务计算中服务质量的多目标优化模型与求解研究[J].计算机学报,2015，38(10)：1907-1923.

［38］ Adler M. Microservices Are the New Building Blocks of Financial Technology［J］. Wilmott，2017，(87)：50-51.

［39］ Ahuja R，Nedbal M，Hillel M，et al. Systems and methods for adding microservices into existing system environments［P］. US10013550B1,2018.

［40］ Ahuja R，Nedbal M，Sreedhar R. Systems and methods for deploying microservices in a networked microservices system［P］. US 10579407B2,2018.

［41］ Asghari P，Rahmani A M,Javadi H S. Service composition approaches in IoT：A systematic review ［J］. Journal of Network and Computer Applications,2018，120：61-77.

［42］ Back T,Andrikopoulos V. Using a microbenchmark to compare function as a service solutions［C］// European Conference on Service-Oriented and Cloud Computing,2018.

［43］ Bouzary H，Chen F F. Service optimal selection and composition in cloud manufacturing：a comprehensive survey［J］. The International Journal of Advanced Manufacturing Technology,2018，97(1-4)：795-808.

［44］ Bouzary H，Chen F F. A hybrid grey wolf optimizer algorithm with evolutionary operators for optimal QoS-aware service composition and optimal selection in cloud manufacturing［J］. The International Journal of Advanced Manufacturing Technology,2019，101,(9-12)：2771-2784.

［45］ Chen N，Cardozo N,Clarke S. Goal-driven service composition in mobile and pervasive computing ［J］. IEEE Transactions on Services Computing,2018，11(1)：49-62,2018.

［46］ Gabrel V，Manouvrier M，Moreau K，et al. QoS-aware automatic syntactic service composition problem：Complexity and resolution［J］. Future Generation Computer Systems,2018,80：311-321.

［47］ Huang J，Li S，Duan Q,et al. QoS correlation-aware service composition for unified network-cloud service provisioning［C］//IEEE Global Communications Conference,2016.

［48］ Jamshidi P,Pahl C,Mendonça N C,et al. Microservices：The journey so far and challenges ahead［J］. IEEE Software,2018,35(3)：24-35,2018.

［49］ Lahmar F,MezniH. Multicloud service composition：A survey of current approaches and issues［J］. Journal of Software：Evolution and Process,2018,30(10)：1947.

［50］ Lloyd W,Ramesh S，Chinthalapati S,et al. Serverless computing：An investigation of factors influencing microservice performance［C］//IEEE International Conference on Cloud Engineering,2018.

［51］ Na J，Lin K J，Huang Z,et al. An evolutionary game approach on iot service selection for balancing device energy consumption［C］//IEEE 12th International Conference on e-Business Engineering,2015.

［52］ Ren Z. Migrating Web Applications from Monolithic Structure to Microservices Architecture［C］// Proceedings of the Tenth Asia-Pacific Symposium on Internetware,2018.

［53］ Sampaio A R. Supporting microservice evolution［C］//IEEE International Conference on Software Maintenance and Evolution,2017.

［54］ Seghir F,Khababa A. A hybrid approach using genetic and fruit fly optimization algorithms for QoS-aware cloud service composition［J］. Journal of Intelligent Manufacturing,2018,29(8)：1773-1792.

［55］ Wang T，Li C，Yuan Y,et al. An evolutionary game approach for manufacturing service allocation management in cloud manufacturing［J］. Computers & Industrial Engineering,2019,133(JUL.)：231-240.

［56］ Zhang Y,Tao F，Liu Y，et al. Long/short-term utility aware optimal selection of manufacturing service composition towards Industrial Internet platform［J］. IEEE Transactions on Industrial Informatics,2019：1-1.

［57］ Zhou J,Yao X. Multi-population parallel self-adaptive differential artificial bee colony algorithm with application in large-scale service composition for cloud manufacturing［J］. Applied Soft Computing,2017,56：379-397.

［58］ Ribeiro M ，Grolinger K，et al. Transfer learning with seasonal and trend adjustment for cross-building energy forecasting［J］. Energy and Buildings,2018,165(Apr.)：352-363.

［59］ Tian C,Ma J,Zhang C,et al. A Deep Neural Network Model for Short-Term Load Forecast Based on Long Short-Term Memory Network and Convolutional Neural Network［J］. Energies, 2018, 11(12)：3493.

［60］ Xu L,Li C,Xie X，et al. Long-short-term memory network based hybrid model for short-term electrical load forecasting［J］. Information,2018,9(7)：165.

［61］ Ye Z，Kim M K. Predicting electricity consumption in a building using an optimized back-propagation and Levenberg-Marquardt back-propagation neural network：Case study of a shopping mall in China ［J］. Sustainable Cities and Society,2018,42：176-183.

［62］ Fan C,Sun Y,Zhao Y,et al. Deep learning-based feature engineering methods for improved building energy prediction［J］. Applied Energy,2019,240(APR. 15)：35-45.

［63］ Fan C,Wang J,Gang W,et al. Assessment of deep recurrent neural network-based strategies for short-term building energy predictions［J］. Applied Energy,2019,236(FEB. 15)：700-710.

［64］ Gao X,Li X,Zhao B,et al. Short-Term Electricity Load Forecasting Model Based on EMD-GRU with Feature Selection［J］. Energies,2019,12(6)：1140.

［65］ Hooshmand A，Sharma R. Energy Predictive Models with Limited Data using Transfer Learning ［C］//Proceedings of the Tenth ACM International Conference on Future Energy Systems,2019.

［66］ Kim M,Choi W,Jeon Y,et al. A Hybrid Neural Network Model for Power Demand Forecasting［J］. Energies,2019,12(5)：931.

［67］ Kim T Y,Cho S B. Predicting Residential Energy Consumption using CNN-LSTM Neural Networks ［J］. Energy,2019,182(SEP. 1)：72-81.

［68］ Liu P，Zheng P，Chen Z. Deep Learning with Stacked Denoising Auto-Encoder for Short-Term Electric Load Forecasting［J］. Energies,2019,12(12)：2445.

［69］ Nichiforov C,Stamatescu G,Stamatescu I,et al. Evaluation of Sequence Learning Models for Large Commercial Building Load Forecasting［C］//International Conference on System Theory,Control and Computing,2019.

［70］ Tian C,Li C,Zhang G,et al. Data driven parallel prediction of building energy consumption using generative adversarial nets［J］. Energy & Buildings,2019,186(MAR.)：230-243.

［71］ Yan K，Li W，Ji Z,et al. A Hybrid LSTM Neural Network for Energy Consumption Forecasting of Individual Households［J］. IEEE Access,2019,7：157633-157642.

［72］ Wei Y，Zhang X，Shi Y,et al. A review of data-driven approaches for prediction and classification of building energy consumption［J］. Renewable & Sustainable Energy Reviews, 2018, 82(pt. 1)： 1027-1047.

［73］ Bourdeau M,Zhai X Q,Nefzaoui C,et al. Modeling and forecasting building energy consumption：A review of data-driven techniques［J］. Sustainable Cities and Society,2019,48：101533-101533.

［74］ Mosavi A,Bahmani A. Energy consumption prediction using machine learning：A review［EB/OL］. https://www. xueshufan. com/publication/2922105130.

［75］ Runge J，Zmeureanu R. Forecasting Energy Use in Buildings Using Artificial Neural Networks：A Review［J］. Energies,2019,12(17)：3254.

［76］ Wang H,Lei Z,Zhang X,et al. A review of deep learning for renewable energy forecasting［J］. Energy Conversion and Management,2019,198：111799.

［77］ Zhao Y,Zhang C,Zhang Y,et al. A review of data mining technologies in building energy systems：Load prediction, pattern identification, fault detection and diagnosis ［J］. Energy and Built Environment,2020,1(2)：149-164.

[78]　Oliva J B, Póczos B, Schneider J. The statistical recurrent unit (SRU)[C]//Proceedings of the 34th International Conference on Machine Learning, 2017.

[79]　Lei T, Zhang Y, Wang S I, et al. Simple recurrent units for highly parallelizable recurrence[C]// Conference on Empirical Methods in Natural Language Processing, 2018.

[80]　Shen T, Zhou T, Long G, et al. Bi-directional block self-attention for fast and memory-efficient sequence modeling[C]//International Conference on Representation Learning, 2018.

[81]　Westhuizen J, Lasenby J. The unreasonable effectiveness of the forget gate[EB/OL]. https://arxiv. org/abs/1804. 04849.

[82]　Wolter M, Yao A. Complex Gated Recurrent Neural Networks[C]// Advances in Neural Information Processing Systems, 2019.

[83]　Chandar S, Sankar C, Vorontsov E, et al. Towards Non-saturating Recurrent Units for Modelling Long-term Dependencies[EB/OL]. https://arxiv. org/abs/1902. 06704.

[84]　De Brouwer E, Simm J, Arany A, et al. GRU-ODE-Bayes: Continuous modeling of sporadically-observed time series[EB/OL]. https://arxiv. org/abs/1905. 12374.

[85]　Jing L, Gulcehre C, Peurifoy J, et al. Gated Orthogonal Recurrent Units: On Learning to Forget[J]. Neural Computation, 2019, 31(4): 765-783.

[86]　Liu H, Mi X, Li Y, et al. Smart wind speed deep learning based multi-step forecasting model using singular spectrum analysis, convolutional Gated Recurrent Unit network and Support Vector Regression[J]. Renewable Energy, 2019, 143(DEC.): 842-854.

[87]　Ortega-Bueno R, Rosso P, et al. UO UPV2 at HAHA 2019: BiGRU Neural Network Informed with Linguistic Features for Humor Recognition[C]//Proceedings of the Iberian Languages Evaluation Forum, 2019.

[88]　Han M, Ren W. Global mutual information-based feature selection approach using single-objective and multi-objective optimization[J]. Neurocomputing, 2015, 168(30): 47-54.

[89]　Vatolkin I. Exploration of two-objective scenarios on supervised evolutionary feature selection: A survey and a case study (application to music categorisation)[J]. Lecture Notes in Computer Science, 2015, 9019: 529-543.

[90]　Bing X, Zhang M, Browne W N, et al. A Survey on Evolutionary Computation Approaches to Feature Selection[J]. IEEE Transactions on Evolutionary Computation, 2016, 20(4): 606-626.

[91]　Brester C, Semenkin E, Sidorov M. Multi-Objective Heuristic Feature Selection for Speech-Based Multilingual Emotion Recognition[J]. Journal of Artificial Intelligence & Soft Computing Research, 2016, 6(4): 243-253.

[92]　Wang Y, Feng L, Li Y. Two-step based feature selection method for filtering redundant information [J]. Journal of Intelligent & Fuzzy Systems, 2017, 33(4): 2059-2073.

[93]　Xue B, Zhang M. Evolutionary feature manipulation in data mining/big data [J]. ACM SIGEVOlution, 2017, 10(1): 4-11.

[94]　Bouktif S, Fiaz A, Ouni A, et al. Optimal deep learning lstm model for electric load forecasting using feature selection and genetic algorithm: Comparison with machine learning approaches[J]. Energies, 2018, 11(7): 1636.

[95]　Nantian H, Enkai X, Guowei C, et al. Short-Term Wind Speed Forecasting Based on Low Redundancy Feature Selection[J]. Energies, 2018, 11(7): 1638.

[96]　Wang Y W, Feng L Z. A new feature selection method for handling redundant information in text classification[J]. 信息与电子工程前沿(英文), 2018, 19(2): 221-234.

[97]　Alexandropoulos S. -A. N, Aridas C K, Kotsiantis S B, et al. Multi-Objective Evolutionary Optimization Algorithms for Machine Learning: A Recent Survey [J]. Approximation and

Optimization：Springer，2019：35-55.

[98] Dhrif H. Stability and Scalability of Feature Subset Selection using Particle Swarm Optimization in Bioinformatics，2019.

[99] Gu X，Guo J，Xiao L，et al. A Feature Selection Algorithm Based on Equal Interval Division and Minimal-Redundancy-Maximal-Relevance[J]. Neural Processing Letters，2022，54(3)：2079-2015.

[100] Jiménez F，Martínez C，Marzano E，et al. Multiobjective Evolutionary Feature Selection for Fuzzy Classification[J]. IEEE Transactions on Fuzzy Systems，2019，27(5)：1085-1099.

[101] Wang Y，Feng L. A new hybrid feature selection based on multi-filter weights and multi-feature weights[J]. Applied Intelligence，2019，49(12)：1-25.

[102] Bo L，Li P，Lin W，et al. A new container scheduling algorithm based on multi-objective optimization [J]. Soft Computing，2018，22：7741-7752.

[103] Lin M，Xi J，Bai W，et al. Ant Colony Algorithm for Multi-Objective Optimization of Container-Based Microservice Scheduling in Cloud[J]. IEEE Access，2019，PP(99)：1-1.

[104] Rodrigues L R，Pasin M，Alves O，et al. Network-Aware Container Scheduling in Multi-Tenant Data Center[EB/OL]. https://arxiv.org/abs/1909.07673.

[105] Tan B，Ma H，Mei Y. A Hybrid Genetic Programming Hyper-Heuristic Approach for Online Two-level Resource Allocation in Container-based Clouds [C]//IEEE Congress on Evolutionary Computation. 2019.

[106] Bai Y，Zeng B，Li C，et al. An ensemble long short-term memory neural network for hourly PM2.5 concentration forecasting[J]. Chemosphere，2019，222：286-294.

[107] Deshpande P，Sarawagi S. Streaming Adaptation of Deep Forecasting Models using Adaptive Recurrent Units [C]//Proceedings of the 25th ACM SIGKDD International Conference on Knowledge Discovery & Data Mining，2019.

[108] Du S，Li T，Horng S.-J. Time Series Forecasting Using Sequence-to-Sequence Deep Learning Framework [C]//9th International Symposium on Parallel Architectures，Algorithms and Programming，2019.

[109] Hao Y，Tian C. The study and application of a novel hybrid system for air quality early-warning[J]. Applied Soft Computing，2019，74：729-746.

[110] Hewamalage H，Bergmeir C，Bandara K. Recurrent Neural Networks for Time Series Forecasting：Current Status and Future Directions[EB/OL]. https://arxiv.org/abs/1909.00590.

[111] Hu Z，Bai Z，Bian K，et al. Real-Time Fine-Grained Air Quality Sensing Networks in Smart City：Design，Implementation and Optimization [J]. IEEE Internet of Things Journal，2019，6(5)：7526-7542.

[112] Hu Z，Bai Z，Yang Z，et al. UAV Aided Aerial-Ground IoT for Air Quality Sensing in Smart City：Architecture，Technologies，and Implementation[J]. IEEE Network，2019，33(2)：14-22.

[113] Krishan M，Jha S，Das J，et al. Air quality modelling using long short-term memory (LSTM) over NCT-Delhi，India[J]. Air Quality，Atmosphere & Health，2019：1-10.

[114] Li R，Dong Y，Zhu Z，et al. A dynamic evaluation framework for ambient air pollution monitoring [J]. Applied Mathematical Modelling，2019，65：52-71.

[115] Li X，Zhang X. Predicting ground-level PM 2.5 concentrations in the Beijing-Tianjin-Hebei region：A hybrid remote sensing and machine learning approach[J]. Environmental Pollution，2019，249 (JUN.)：735-749.

[116] Li Y，Zhu Z，Kong D，et al. EA-LSTM：Evolutionary Attention-based LSTM for Time Series Prediction[EB/OL]. https://arxiv.org/abs/1811.03760.

[117] Li Y，Zhu Z，Kong D，et al. Learning Heterogeneous Spatial-Temporal Representation for Bike-

Sharing Demand Prediction[C]//Proceedings of the AAAI Conference on Artificial Intelligence, 2019.

[118] Liu B,Yan S,Li J,et al. A Sequence-to-Sequence Air Quality Predictor Based on the n-Step Recurrent Prediction[J]. IEEE Access,2019,7: 43331-43345.

[119] Liu D,Sun K. Short-term PM2.5 forecasting based on CEEMD-RF in five cities of China[J]. Environmental Science and Pollution Research,2019,26(32): 32790-32803.

[120] Liu H,Xu Y,Chen C. Improved Pollution Forecasting Hybrid Algorithms based on the Ensemble Method[J]. Applied Mathematical Modelling,2019,73(SEP.): 473-486.

[121] Liu P,Wang J,Sangaiah A K,et al. Analysis and Prediction of Water Quality Using LSTM Deep Neural Networks in IoT Environment[J]. Sustainability,2019,11(7): 2058.

[122] Liu X,Tan W,Tang S. A Bagging-GBDT ensemble learning model for city air pollutant concentration prediction[J]. IOP Conference Series Earth and Environmental Science,2019,237(2): 22-27.

[123] Jun M A,Ding Y,Cheng J,et al. A Temporal-Spatial Interpolation and Extrapolation Method Based on Geographic Long Short-Term Memory Neural Network for PM2.5[J]. Journal of Cleaner Production,2019,237: 117729.

[124] 马武彬,王锐,王威超,等.基于进化多目标优化的微服务组合部署与调度策略[J].系统工程与电子技术,2020,42(1): 11.

[125] 马武彬,王锐,吴亚辉,等.基于改进 NSGA-Ⅲ 的文本空间树聚类算法[J].华中科技大学学报：自然科学版,2020,48(5): 7.

[126] Wang Z,Ma W,Chan A. Exploring the Relationships between the Topological Characteristics of Subway Networks and Service Disruption Impact[J]. Sustainability,2020,12: 1-19.